Vergleichende Physiologie der Tiere

Von

Dr. Konrad Herter

em. o. Prof. an der Freien Universität Berlin

Vierte Auflage der „Tierphysiologie"

Band I

Stoff- und Energiewechsel

Mit 61 Abbildungen

Neu bearbeitet von

Dr. Klaus Urich

a. o. Prof. an der Freien Universität Berlin

Sammlung Göschen Band 972/972a

Walter de Gruyter & Co. · Berlin 1966

vormals G. J. Göschen'sche Verlagshandlung · J. Guttentag, Verlagsbuchhandlung · Georg Reimer · Karl J. Trübner · Veit & Comp

 — Archiv.-Nr.: 78 22 650. — Satz und Druck: Hildebrandt & Stephan KG., Berlin. — Printed in Germany.

Inhalt

Literatur

zum Nachschlagen oder weiteren Studium:

v. Buddenbrock, W.: Vergleichende Physiologie. Basel 1952—1961 (6 Bände geplant, 5 bisher erschienen).

Prosser, C. L. and F. A. Brown jr.: Comparative animal physiology. 2nd Ed. Philadelphia-London 1961.

Handbook of physiology. Publ. by American Physiological Society. Washington 1959—1964 (zahlreiche Bände geplant, 7 bisher erschienen).

Schneider, M.: Einführung in die Physiologie des Menschen. 15. Aufl. des von H. Rein begründeten Lehrbuchs. Berlin—Göttingen—Heidelberg 1964.

Schütz, E.: Physiologie. Kurzgefaßtes Lehrbuch für Studierende. 7. / 8. Aufl. München—Berlin 1963.

Landois—Rosemann. Lehrbuch der Physiologie des Menschen. 28. Aufl. herausgegeben v. H.-U. Rosemann. München—Berlin 1960—62 (2 Bände).

Marshall, A. J. (Edit.): Biology and comparative physiology of birds. New York—London 1960—1961 (2 Bände).

Moore J. A. (Edit.): Physiology of amphibia. New York—London 1964.

Brown, M. E. (Edit.): The physiology of fishes. New York 1957 (2 Bände).

Waterman, T. H.: The physiology of crustacea. New York—London 1960—1961 (2 Bände).

Rockstein, M. (Edit.): The physiology of insects. New York—London 1964 (3 Bände geplant, 2 bisher erschienen).

Laverack, M. S.: The physiology of earthworms. Oxford—London—New York—Paris 1963.

Mann, K. H.: Leeches. Their structure, physiology, ecology and embryology. Oxford—London—New York—Paris 1962.

Wilbur, K. M. and C. M. Yonge (Edit.): Physiology of mollusca. New York—London 1964 (2 Bände geplant, einer bisher erschienen).

Vorwort zur 4. Auflage

Die „Vergleichende Physiologie der Tiere" erschien erstmalig unter dem Titel „Tierphysiologie" 1927 und 1928 in zwei Bänden der Sammlung Göschen. Damals gab es noch keine das ganze Gebiet umfassende Darstellung der Tierphysiologie in deutscher Sprache. Die erste Auflage von von Buddenbrocks „Grundriß der vergleichenden Physiologie" war gerade im Erscheinen und erst 1928 abgeschlossen. Es bestand daher ein Mangel an einer kurzen, auch dem minderbemittelten Studenten zugänglichen Einführung in dies immer mehr an Bedeutung gewinnende Teilgebiet der Zoologie. Angeregt durch zahlreiche Anfragen und Bitten meiner Hörer und ermutigt durch den Zuspruch von Kollegen und meines verehrten Lehrers Karl Heider, entschloß ich mich daher, meine seit einigen Jahren im Zoologischen Institut der Friedrich-Wilhelm-Universität in Berlin gehaltene Vorlesung über Tierphysiologie in zwei Bänden der Sammlung Göschen zu veröffentlichen. Der gute Absatz und die schnelle Verbreitung, sowie die zustimmenden Besprechungen der Bändchen zeigten, daß sie wirklich eine Lücke ausfüllten. Die zweite verbesserte und vermehrte Auflage konnte erst 1947 erscheinen — bedingt durch die schwierigen politischen Verhältnisse und den zweiten Weltkrieg. Auch diese Auflage war schnell vergriffen, so daß die dritte Auflage, bei deren Bearbeitung ich mich aus Zeitmangel auf kleine Verbesserungen und Ergänzungen beschränken mußte, schon 1950 erschien.

Bald drängte der Verlag zu einer vierten Auflage. Da ich 1952 die Aufgabe übernommen hatte, an der neu gegründeten Freien Universität Berlin die Tierphysiologie und Tierpsychologie zu vertreten und die diesbezügliche Abteilung im Zoologischen Institut aufzubauen, war ich bis zu meiner Emeritierung im Herbst 1959 derartig stark in Anspruch genommen, daß ich mich der Neubearbeitung der „Vergleichenden Physiologie der Tiere" nicht widmen konnte. Nach meiner Entpflichtung, die kaum eine wesentliche Entlastung bedeutete, wollte und will ich die mir verbleibende Arbeitszeit und -kraft hauptsächlich Forschungsarbeiten widmen. Die dringend erforderliche Herausgabe der vierten Auflage würde eine völlige Neubearbeitung bedeuten, da inzwischen auf Grund der rapiden Fortschritte der Forschung der Stoff ungeheuer angewachsen ist. Namentlich infolge der zwangsläufig immer weiter fortschreitenden Durchdringung der Biologie durch Chemie und Physik haben sich unsere Kenntnisse und Anschauungen — besonders auf dem Gebiet der Stoffwechselphysiologie — z. T. grundlegend geändert. Eine Neubearbeitung hätte mich daher für lange Zeit übermäßig belastet und meine übrige Arbeit lahmgelegt. Außerdem ist das ganze Gebiet der vergleichenden Physiologie der Tiere heute von einer Person nicht mehr zu bewältigen.

So habe ich mich — schweren Herzens — entschlossen, die Bearbeitung dieser vierten Auflage der „Vergleichenden Physiologie der Tiere" in die Hände jüngerer Kräfte zu legen, obgleich ich mir bewußt bin, daß sich der traditionelle Charakter der beiden Bände dadurch wesentlich verändern wird.

Teil I (Stoff- und Energiewechsel) hat Herr Prof. Dr. Klaus Urich (Berlin) und Teil II (Bewegung und Reizerscheinungen) Herr Prof. Dr. Georg Birukow (Göttingen) übernommen. Beiden Kollegen danke ich herzlich für ihre Bereitschaft, sich dieser Aufgabe zu unterziehen.

Berlin-Steglitz, im Januar 1965

Konrad Herter

A. Aufgabe und Methode der Physiologie

Die Physiologie hat die Aufgabe, die in lebenden Organismen ablaufenden Prozesse zu beschreiben. Sie bedient sich dabei — soweit möglich — jener Begriffe, die von der Physik und Chemie für die Beschreibung von Vorgängen in nicht-lebenden Systemen verwendet werden. Physikalische und chemische Forschung erfolgt zumeist an künstlichen Systemen, die eigens zu diesem Zweck hergestellt worden sind, z. B. Experimentalanordnungen oder künstlichen Stoffgemischen. Dem Physiologen hingegen sind seine Forschungsobjekte von der Natur gegeben. Die lebenden Systeme unterscheiden sich von den nicht-lebenden durch ihren weit höheren Grad von Kompliziertheit. Der Physiologe kann versuchen, die von ihm untersuchten Systeme zu vereinfachen, indem er z. B. Teile aus dem Verbande des Gesamtorganismus herauslöst und isoliert studiert („überlebende Organe"); solche isolierten Teile sind immer noch hochkomplexe Gebilde. So konnte die Physiologie bisher in den meisten Fällen die Analyse der Lebensprozesse nicht so weit treiben, daß diese Vorgänge gänzlich mit physikalischen und chemischen Begriffen beschreibbar wären; vielmehr bedient sich die Physiologie heute noch meist eines eigenen Begriffssystems. Dieses Begriffssystem ist jedoch von denen der Physik und Chemie nicht prinzipiell verschieden, sondern nur graduell in Exaktheit und mathematischer Formulierbarkeit.

Die besondere Kompliziertheit der lebenden Systeme beruht darauf, daß im Organismus zahlreiche Prozesse auf mannigfache Weise miteinander in Wechselbeziehung stehen. In jeder Darstellung unseres physiologischen Wissens müssen die gleichzeitig und in Wechselwirkung miteinander ablaufenden Vorgänge nacheinander beschrieben werden. Es ist daher bei der Lektüre stets zu bedenken, daß die in den einzelnen Kapiteln behandelten Vorgänge in den Organismen niemals isoliert, sondern nur im Zusammenwirken miteinander vorkommen.

Viele Darstellungen der Physiologie behandeln nur eine Organismenart oder -gruppe (z. B. Physiologie des Menschen, der Insekten usw.); die vergleichende Physiologie der Tiere dagegen berücksichtigt alle tierischen Organismen. Die Methode des Vergleichens erlaubt einerseits Aussagen größerer Allgemeingültigkeit, soweit Übereinstimmungen festgestellt werden, und führt andererseits zu Vorstellungen darüber, daß ähnliche Ziele von den verschiedenen Organismen auf sehr unterschiedlichen Wegen erreicht werden können.

Voraussetzung für das Verständnis der meisten Lebensprozesse ist die genaue Kenntnis des Substrats, an dem sich diese Vorgänge abspielen, d. h. also die Kenntnis der Strukturen in den Organismen (beschrieben durch Anatomie, Histologie, Cytologie und elektronenmikroskopische Feinstrukturforschung) und ihres chemischen Aufbaus (beschrieben durch die deskriptive Biochemie). Dies bedeutet jedoch nicht, daß man den Stoff der Physiologie nach den Strukturen einteilen und nacheinander die „Funktion" der einzelnen Organe und Organsysteme abhandeln sollte, wie es vielfach üblich war und ist. Vielmehr erweist es sich als günstiger, die Disposition des Stoffes nach Prozessen vorzunehmen und erst in zweiter Linie darzustellen, an welche Strukturen die einzelnen Prozesse gebunden sind. Für die erste grobe Einteilung des Stoffes der Tierphysiologie kann man von allbekannten Erscheinungen ausgehen:

Lebende Tiere nehmen Stoffe aus ihrer Umgebung auf (z. B. Nahrung, Luftsauerstoff) und geben Stoffe nach außen ab (z. B. Kot, Harn, Kohlendioxyd der Atemluft), sie zeigen einen S t o f f w e c h s e l. Der Austausch von Materie zwischen dem Tier und seiner

Umgebung kann auch unter energetischen Gesichtspunkten betrachtet werden; die in den Körper aufgenommenen Stoffe haben insgesamt einen größeren Gehalt an potentieller chemischer Energie als die abgegebenen. Die im Körper freigesetzte chemische Energie wird dort für energieverbrauchende chemische Reaktionen genutzt und schließlich in Form von Wärme, mechanischer Energie oder anderen Energieformen wieder an die Umgebung abgegeben. Stoff- und Energiewechsel gehören eng zusammen.

Die meisten Tiere sind ortsbeweglich; auch die mehr oder weniger festsitzenden Tiere, wie Schwämme, Polypen oder Muscheln, lassen bei genauerer Betrachtung Bewegungserscheinungen erkennen, z. B. Bewegung von Tentakeln und anderen Körperanhängen oder Bewegung von Geißeln, Cilien und anderen Zellorganellen. Bewegung ist ebenfalls ein Charakteristikum des Lebens.

Tiere antworten auf verschiedenartige Einwirkungen (Reize) mit bestimmten Verhaltensweisen (Reaktionen). Für das Verhältnis zwischen Reiz und Reaktion ist kennzeichnend, daß die bei der Reaktion freigesetzte Energie meist sehr viel größer ist als die in Form des Reizes zugeführte Energiemenge. Reizbarkeit ist ein weiteres Kriterium des Lebens.

Die Prozesse des Wachstums, der Fortpflanzung, Entwicklung und Differenzierung werden von eigenen Wissenschaftsgebieten, der Entwicklungsgeschichte und Entwicklungsphysiologie, beschrieben. Der Stoff der Tierphysiologie im engeren Sinne kann also folgendermaßen eingeteilt werden:

1. Physiologie des Stoff- und Energiewechsels,
2. Physiologie der Bewegung,
3. Physiologie der Reizerscheinungen.

Im folgenden soll der Stoff- und Energiewechsel der Tiere behandelt werden. Die Physiologie der Bewegung und der Reizerscheinungen ist Gegenstand eines zweiten Bändchens dieser Sammlung[1].

B. Stoff- und Energiewechsel

I. Allgemeines

Der Austausch von Stoffen mit der Umgebung erfolgt bei manchen Tieren durch die undifferenzierte Korperoberfläche, zumeist aber durch Darm, Atmungs- und Ausscheidungsorgane, die man — ungeachtet ihrer ontogenetischen Herkunft — als spezialisierte Teile der Körperoberfläche ansehen kann. Die in den Organismus aufgenommenen Stoffe nehmen dort an komplizierten chemischen Reaktionen teil, deren Endprodukte schließlich nach außen abgegeben werden. Solche Prozesse der Stoffumwandlung laufen in allen Zellen des Körpers ab. Es muß also ein Stofftransport stattfinden, der die Stoffe von den Stellen der Aufnahme zu allen Teilen des Körpers bringt und die Endprodukte zu den Orten der Ausscheidung schafft. Stoffaufnahme, Stofftransport, Stoffumwandlung und Stoffabgabe sind die Themen der Stoffwechselphysiologie (Abb. 1).

Die Prozesse der Stoffaufnahme und -abgabe sind recht unterschiedlich für feste oder flüssige Substanzen einerseits, für gasförmige Stoffe andererseits. Man pflegt daher die Aufnahme von Sauerstoff (O_2) und die Abgabe von Kohlendioxyd (CO_2) gesondert unter dem Stichwort „Atmung" zu besprechen. Die Aufnahme fester oder flüssiger Substanzen wird als „Ernährung", ihre Abgabe, je nachdem, ob die abgegebenen Stoffe noch eine biologische Funktion ausüben

[1] Herter, K., u. G. Birukow: Vergleichende Physiologie der Tiere. II.: Bewegung ud Reizerscheinungen. Sammlung Göschen Nr. 973.

oder nicht, als „Sekretion" bzw. „Exkretion" bezeichnet (Abb. 1). Im folgenden werden die Themen Ernährung, Atmung, Stofftransport, Exkretion und Sekretion relativ ausführlich behandelt. Die Vielzahl der chemischen Reaktionen, die unter das Thema Stoffumwandlung fallen, kann dagegen nicht im einzelnen besprochen werden.

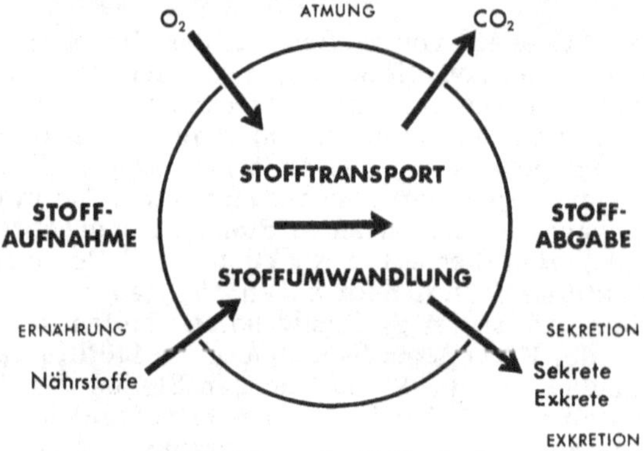

Abb. 1. Schema des Stoffwechsels

Ein ähnliches Schema, wie es in Abb. 1 für den Stoffwechsel entworfen wurde, läßt sich auch für den Energiewechsel geben (Abb. 2). Der größte Teil der von den Tieren aus der Umgebung aufgenommenen Energie hat die Form chemischer Energie der Nährstoffe. In gewissen Fällen können auch größere Mengen von Wärmeenergie aus der Umgebung aufgenommen werden (s. S. 147). Die kleinen aufgenommenen Mengen von mechanischer Energie und Lichtenergie sind zwar als „Reize" biologisch sehr wichtig, für die Energiebilanz jedoch bedeutungslos. Hierin unterscheiden sich die Tiere grundsätzlich von den grünen Pflanzen, bei denen die Einstrahlung des Sonnenlichts eine überragende Rolle im Energiehaushalt spielt.

Im tierischen Organismus findet eine Umwandlung chemischer Energie in andere Energieformen statt; man kann auch von einem Energietransport sprechen,

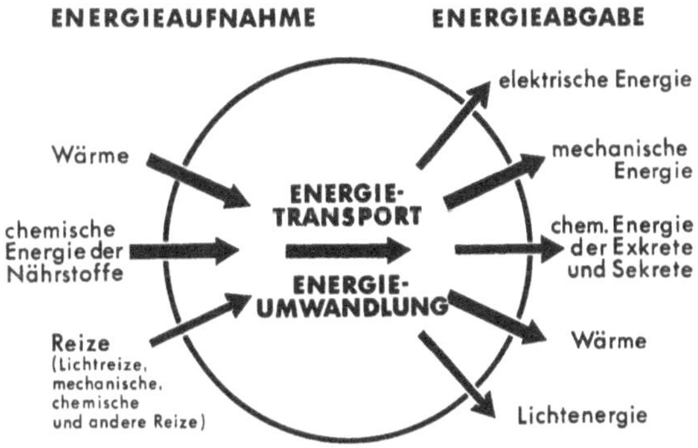

Abb. 2. Schema des Energiewechsels

wobei die Energie überwiegend als chemische Energie, aber auch als Wärme transportiert wird. Große Energiemengen werden vom Organismus in Form mechanischer Energie abgegeben, als mechanische Arbeit bei Bewegungsvorgängen. Da es dem Tier nicht möglich ist, chemische Energie verlustfrei in mechanische Arbeit umzuwandeln, steht jedoch die Abgabe von Wärme im Energiehaushalt an erster Stelle. Elektrische Energie in kleinen Mengen wird von vielen Zellen aller Organismen erzeugt („Aktionsströme" s. Teil II); auffällig sind diese Erscheinungen jedoch nur bei einigen Fischen („elektrische Fische" s. Teil II). Manche Tiere vermögen auch Lichtenergie zu erzeugen (s. S. 143).

Im vorliegenden Bande werden besprochen:

Erzeugung von Lichtenergie,
Erzeugung von Wärme.

Die Erzeugung von mechanischer Energie (Bewegung) und von elektrischer Energie werden in Teil II behandelt.

a) Bau- und Betriebsstoffwechsel

Die Tiere nutzen die aufgenommenen Stoffe einerseits zur Gewinnung von Energie, andererseits zum Aufbau ihrer Körpersubstanz. Dementsprechend glaubte man früher „Betriebsstoffwechsel" und „Baustoffwechsel" scharf voneinander trennen zu können. Inzwischen hat sich jedoch z. B. bei Versuchen mit radioaktiv markierten Stoffen herausgestellt, daß Bau- und Betriebsstoffwechsel untrennbar miteinander verquickt sind. Beträchtliche Teile der Körpersubstanz unterliegen einem unerwartet raschen Umbau. So werden z. B. die Eiweißmoleküle der Säugerleber schon nach durchschnittlich 10 Tagen zerlegt und durch

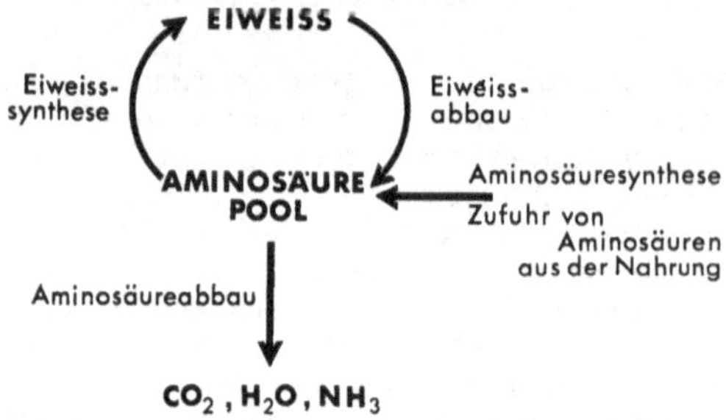

Abb. 3. Schema des Aminosäurestoffwechsels

neue ersetzt. Die beim Abbau der Körpereiweiße freiwerdenden Eiweißbausteine (Aminosäuren) gelangen in das gleiche „Sammelbecken" innerhalb der Zelle („metabolic pool") wie die aus der Nahrung stammenden oder im Stoffwechsel neu gebildeten Aminosäuren (Abb. 3). Dieser Aminosäure-„pool" aber liefert das Material sowohl für den Aufbau neuer Eiweißmoleküle wie für die Gewinnung von Energie. Ähnliche, dem Bau- und Betriebsstoffwechsel gleichermaßen dienende „Sammelbecken des Stoffwechsels" existieren auch für die übrigen Stoffklassen.

b) Die Energiegewinnung aus den Nährstoffen

Für die Gewinnung von Energie sind drei Stoffklassen von überragender Bedeutung: die Kohlenhydrate, die Fettsäuren bzw. Neutralfette (Ester der Fettsäuren mit Glycerin) und die Eiweiße bzw. deren Bausteine, die Aminosäuren. In der Notwendigkeit, organische Nährstoffe aus der Umgebung aufzunehmen, unterscheiden sich die Tiere von den grünen Pflanzen. Auch bei diesen wird der Zellstoffwechsel vor allem mit dem Kohlenhydrat Traubenzucker (Glucose) betrieben; im Gegensatz zu den Tieren vermögen die Pflanzen jedoch unter Ausnutzung der Energie des Sonnenlichts mit Hilfe ihres grünen Blattfarbstoffes Chlorophyll die benötigte Glucose aus Kohlendioxyd und Wasser selbst aufzubauen (Photosynthese). Nach dem Vorhandensein oder Fehlen dieser Fähigkeit, Lichtenergie (oder auch die Energie bestimmter anorganisch-chemischer Reaktionen) zum Aufbau organischer Verbindungen auszunutzen, unterscheidet man autotrophe Organismen, zu denen die grünen Pflanzen und gewisse Bakterien gehören, von den heterotrophen, zu denen die Tiere, die Pilze und viele Bakterien zählen.

Die Gewinnung von Energie aus den Nährstoffen erfolgt vorwiegend oxydativ unter Beteiligung von Sauerstoff. Nur aus den Kohlenhydraten kann auch nicht-oxydativ in Abwesenheit von Sauerstoff Energie gewonnen werden (s. S. 19). Da Kohlenhydrate und Fette nur aus C, O und H[1] aufgebaut sind, werden sie voll-

[1] Für die Buchstabensymbole der chemischen Elemente s. Tab. 2, S. 28.

ständig zu Kohlendioxyd und Wasser oxydiert:

$$C_6H_{12}O_6 + 6\,O_2 \rightarrow 6\,CO_2 + 6\,H_2O \quad (1)$$
(Glucose)

bzw. $C_{15}H_{31}COOH + 23\,O_2 \rightarrow 16\,CO_2 + 16\,H_2O \quad (2)$
(Palmitinsäure)

Die Eiweiße bzw. Aminosäuren enthalten außer C, O und H noch N. Dieser wird im einfachsten Falle als Ammoniak (NH_3) abgespalten und ausgeschieden. Da NH_3 sehr giftig ist, wird bei vielen Tieren der Eiweißstickstoff in kompliziertere, weniger giftige Verbindungen eingebaut und so abgegeben (s. S. 116).

Der Energiegehalt der drei wichtigen energieliefernden Substrate ist sehr unterschiedlich: Fette liefern beim oxydativen biologischen Abbau etwa 9,3 kcal/g, Kohlenhydrate und Eiweiße nur etwa 4,1 kcal/g.

Die oxydativen Prozesse in den Organismen sind selbstverständlich keine Verbrennungsvorgänge, sondern finden bei der Temperatur des Körpers statt. Daß sie dennoch mit ausreichender Geschwindigkeit ablaufen, wird ermöglicht durch das Vorhandensein von Katalysatoren; das sind Stoffe, welche die Geschwindigkeit der Reaktionen erhöhen, ohne selbst dabei verbraucht zu werden. Die Katalysatoren der Organismen, die Enzyme oder Fermente, gehören sämtlich zu den Eiweißen. Es gibt in jedem Organismus eine große Zahl solcher Enzyme, von denen jedes für bestimmte Stoffe (Substrate) und bestimmte Reaktionen spezifisch ist. Diese Enzyme machen insgesamt den größten Teil des Eiweißbestandes der Zelle aus.

Der oxydative Abbau der Nährstoffe zu CO_2 und Wasser erfolgt über zahlreiche Zwischenstufen in Ketten von Reaktionen, deren jede von einem spezifischen Enzym katalysiert wird. So sind allein an dem in Gleichung (1) summarisch zusammengefaßten Reaktionsablauf etwa 25 verschiedene Enzyme beteiligt.

Drei Reaktionstypen sind beim Abbau der Nährstoffe von besonderer Bedeutung: Die oxydativen Reaktionen bestehen meist nicht in direkter Anlagerung von Sauerstoff an das Substratmolekül, sondern im Entzug von Wasserstoffatomen (Dehydrogenierung). Die abgespaltenen Wasserstoffatome bzw. ihre Elektronen werden durch eine besondere Kette von Enzymen (Atmungskette) weitergegeben und schließlich durch den Luftsauerstoff zu H_2O oxydiert. Die Einführung von Sauerstoff in das Molekül selbst kommt meist dadurch zustande, daß Wasser angelagert und anschließend in einem weiteren Reaktionsschritt Wasserstoff abgetrennt wird. Kohlenstoff wird aus den Molekülen in Form von CO_2 abgespalten (Decarboxylierung). Durch die mehrfache Wiederholung von Dehydrogenierung, Oxydation des abgespaltenen Wasserstoffs in der Atmungskette zu Wasser, Wasseranlagerung und Decarboxylierung werden die Kohlenhydrate und Fette bzw. die nach Abspaltung der Aminogruppe aus den Aminosäuren übrigbleibenden N-freien Verbindungen vollständig zu CO_2 und Wasser abgebaut.

Der Gewinn an biologisch nutzbarer Energie liegt nicht bei der Abspaltung des Wasserstoffs aus dem Substrat, sondern bei dessen Oxydation in der Atmungskette. Die in den einzelnen Reaktionen der Atmungskette freigesetzte Energie geht z. T. als Wärme verloren, z. T. wird sie in den „energiereichen Bindungen“[1] des Adenosintriphosphats (ATP) gespeichert, indem anorganisches Phosphat an Adenosindiphosphat (ADP) angelagert wird.

Bei der Oxydation eines Paares von Wasserstoffatomen zu Wasser werden im allgemeinen drei solcher energiereichen Bindungen geknüpft (oxydative Phosphorylierung). Bei der Umkehrung der Phosphorylie-

---

[1] in der Formel (s. S. 18) durch eine Wellenlinie ~ anstelle des üblichen Valenzstriches gekennzeichnet.

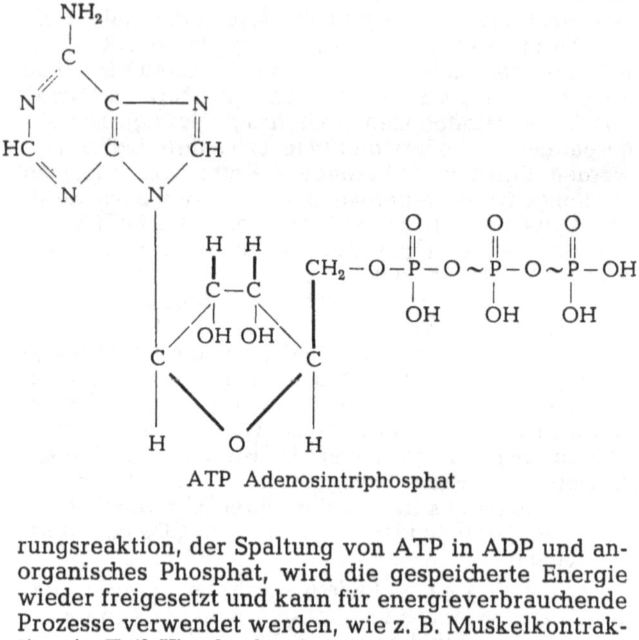

ATP Adenosintriphosphat

rungsreaktion, der Spaltung von ATP in ADP und anorganisches Phosphat, wird die gespeicherte Energie wieder freigesetzt und kann für energieverbrauchende Prozesse verwendet werden, wie z. B. Muskelkontraktion (s. Teil II) oder biochemische Synthesen.

Trotz der großen Unterschiede in der chemischen Struktur der Nährstoffe münden die Prozesse der Energiegewinnung stets in die gleiche Endstrecke der Atmungskettenoxydation und oxydativen Phosphorylierung; ATP ist fast die einzige Form unmittelbar verwertbarer chemischer Energie in der Zelle. Will man in den Reaktionsgleichungen der energieliefernden Prozesse den Gewinn an biologisch nutzbarer Energie angeben, so muß man für Gleichung (1) etwa schreiben:

$$C_6H_{12}O_6 + 6\,O_2 + 38\,ADP + 38\,P_{anorg} \rightarrow 6\,CO_2 + 6\,H_2O + 38\,ATP \qquad (3)$$

Kohlenhydrate enthalten C, O und H im Verhältnis 1 : 1 : 2; dementsprechend wird bei der Oxydation der Kohlenhydrate zu CO_2 und Wasser die gleiche Anzahl CO_2-Moleküle frei, wie O_2-Moleküle zugeführt worden sind (s. Gleichung (1)). Die Fettsäuren und Fette dagegen sind ärmer an O, es ist mehr O_2 erforderlich, als CO_2 gebildet wird (s. Gleichung (2)). Das Verhältnis gebildetes CO_2 : aufgenommener O_2, der „respiratorische Quotient" (abgekürzt RQ), ist also bei der Oxydation von Kohlenhydraten gleich 1.0, bei der Oxydation von Fetten kleiner als 1 (etwa 0.70—0.74). Beim Abbau von Eiweiß beträgt der RQ 0.77—0.80. Die geschilderte Verschiedenheit des RQ macht es möglich, durch die relativ einfache Messung der O_2-Aufnahme und CO_2-Abgabe bei einem Tier festzustellen, welche energieliefernden Substanzen umgesetzt worden sind.

Viele Tiere besitzen die Fähigkeit, vorübergehend oder dauernd ohne Sauerstoff zu leben (Anoxybiose, Anaerobiose), vor allem solche, die in feuchten Böden, Tümpeln oder Sümpfen, in der Gezeitenzone, in faulenden Materialien oder als Parasiten im Darm anderer Tiere leben und dort zeitweilig oder dauernd einem Mangel an Sauerstoff ausgesetzt sind (viele Protozoen, Coelenteraten, Plathelminthen, Nematoden, Anneliden, Muscheln, manche Schnecken, niedere Krebse und Insektenlarven). Auch bei aerob lebenden Tieren, sogar beim Menschen, gibt es ein Gewebe, dessen Sauerstoffversorgung vorübergehend unzureichend sein kann: die Muskulatur. Um den bei plötzlich einsetzender Muskeltätigkeit sprunghaft steigenden O_2-Bedarf befriedigen zu können, muß die Durchblutung des Muskels erhöht werden. Die hierfür erforderlichen Prozesse der Kreislaufregulation (s. S. 108) beanspruchen eine gewisse Zeit, während welcher der Muskel teilweise anaerob arbeiten muß. Im anaeroben Stoffwechsel wird die Stoffwechselenergie stets aus Kohlenhydraten gewonnen, z. B. in dem Prozeß der Glykolyse, bei dem aus einem Molekül Glucose zwei Moleküle Milchsäure entstehen. Auch hier wird ein Teil der freiwerdenden Energie in den energiereichen Bindungen des ATP gespeichert (glykolytische Phosphorylierung):

$$C_6H_{12}O_6 + 2\,ADP + 2\,P_{anorg} \rightarrow$$
$$\rightarrow 2\,CH_3 \cdot CHOH \cdot COOH + 2\,ATP \qquad (4).$$

Wie aus den Formeln (3) und (4) hervorgeht, ist die Ausbeute an biologisch nutzbarer Energie (ATP) beim oxydativen Abbau der Glucose 15—20 mal größer als bei der Glykolyse. Vor allem bei den parasitischen Plathelminthen und Nematoden entstehen als Endprodukte des anaeroben Kohlenhydratabbaues anstelle der Milchsäure auch andere Verbindungen, z. B. flüchtige Fettsäuren mit 1—6 C-Atomen.

Die in den Muskeln gebildete Milchsäure wird nach Aufhören des Sauerstoffmangels z. T. unter Energiegewinn zu CO_2 und Wasser oxydiert, z. T. in der Leber unter Energieverbrauch wieder in Glucose bzw. Glykogen rückverwandelt. Der Organismus geht vorübergehend eine „Sauerstoffschuld" ein, die später unter erhöhtem Sauerstoffverbrauch wieder abgegolten wird. Tiere, die dauernd anoxybiontisch leben, wie z. B. die Darmparasiten, scheiden die Endprodukte des anaeroben Kohlenhydratstoffwechsels aus.

Der Vorrat an unmittelbar nutzbarer chemischer Energie (ATP) in den Zellen ist nicht groß. Das verbrauchte (d. h. zu ADP dephosphorylierte) ATP muß — z. B. durch anaeroben oder aeroben Abbau von Kohlenhydraten oder anderen Nährstoffen — sogleich wieder phosphoryliert werden. Im Muskel, dessen Energiebedarf mit Einsetzen der Muskeltätigkeit sprunghaft ansteigt, könnten die relativ trägen Prozesse des Nährstoffabbaus nicht rasch genug die verbrauchten ATP-Mengen nachliefern. Der Muskel enthält daher neben dem ATP einen zweiten rasch mobilisierbaren Energievorrat in Form der „Phosphagene" (X in Gleichung (5)), deren energiereich gebundenes Phosphat auf ADP übertragen werden kann. Bei ATP-Überschuß kann durch Umkehr der Reaktion (5) das Phosphagen rephosphoryliert werden.

$$X \sim P + ADP \leftrightharpoons X + ATP \quad (5)$$

Die Muskeln der Wirbeltiere enthalten als Phosphagen das Kreatinphosphat, die der meisten anderen Tiere das Argininphosphat. Bei manchen Tieren, z. B. einigen Seeigeln, kommen beide Verbindungen nebeneinander vor. Bei Anneliden hat man neuerdings eine Reihe weiterer Phosphagene gefunden.

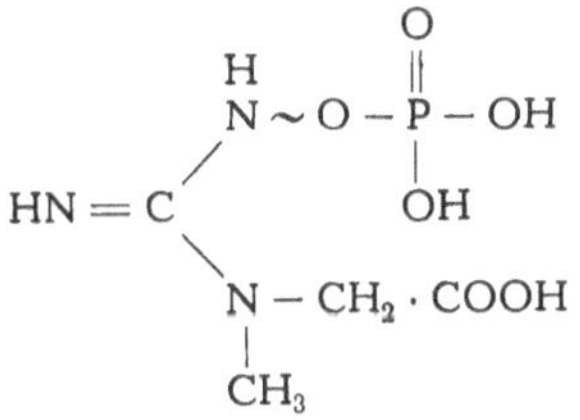

Kreatinphosphat

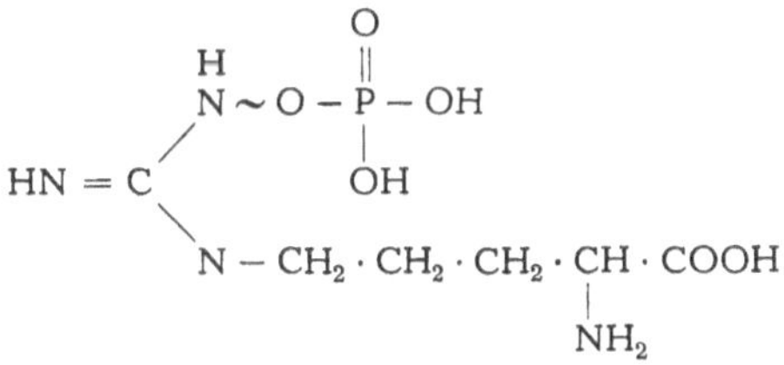

Argininphosphat

Der Vorrat an chemischer Energie verteilt sich im Froschmuskel folgendermaßen auf die verschiedenen Energiespeicher (cal/g Frischgewicht):

ATP	0.09
Kreatinphosphat	0.23
Kohlenhydrat (Glykogen)	
b. anaerobem Abbau	ca. 2
b. aerobem Abbau	ca. 30

c) Die Intensität der energieliefernden Prozesse

Die Intensität der energieliefernden Stoffwechselprozesse, oft einfach als „Stoffwechselintensität" bezeichnet, kann mit zwei Methoden bestimmt werden, einer direkten und einer indirekten. Bei der direkten Kalorimetrie wird die gesamte vom Tier abgegebene Energie als Wärme gemessen und z. B. in kcal/kg · h angegeben. Dieses Verfahren ist zwar theoretisch einwandfrei, in der Praxis jedoch umständlich und mit großem experimentellen Aufwand verbunden. Meist wird daher ein indirektes Verfahren benutzt, indem aus dem Sauerstoffverbrauch auf den Energieumsatz geschlossen wird. Bei Tieren mit aerobem Stoffwechsel kommt man so zu Werten, die mit den direkt gemessenen gut übereinstimmen; bei Anaerobiern würde man selbstverständlich zu niedrige Werte erhalten. Dem Verbrauch von einem Liter Sauerstoff entspricht beim oxydativen Abbau der Nährstoffe stets die Freisetzung von etwa 4.9 kcal, fast unabhängig davon, ob Kohlenhydrate, Fette oder Eiweiße oxydiert wurden. Dies erklärt sich daraus, daß der größte Teil der Energie bei allen Nährstoffen in der gemeinsamen Endstrecke der Atmungskettenoxydation und oxydativen Phosphorylierung gewonnen wird.

In Tab. 1 sind Werte für den Sauerstoffverbrauch verschiedener Tierarten zusammengestellt.

Für die Größe des Sauerstoffverbrauchs bzw. die Stoffwechselintensität gelten folgende Gesetzmäßigkeiten:

1. Die Stoffwechselintensität ist für die einzelnen Tiergruppen charakteristisch verschieden (s. Tab. 1). Festsitzende oder träge Tiere haben niedrige,

Tab. 1

Sauerstoffverbrauch verschiedener Tierarten [ml O_2/kg · h]:		
Teichmuschel		2
Flußkrebs		40
Goldfisch		70
Grasfrosch		200
Rind		120
Mensch		200
Katze		450
Maus	(in Ruhe)	2 500
	(rennend)	20 000
versch. Schmetterlinge	(in Ruhe)	500—1 000
	(fliegend)	bis 100 000

lebhaftere Tiere hohe Stoffwechselintensitäten. Es ist nicht sinnvoll, für die aktiveren Tiere eine prinzipielle biologische Überlegenheit anzunehmen; ihre größere Handlungsfreiheit wird mit höherem Stoffwechselaufwand erkauft. Schon kurzdauernder Nahrungsentzug bringt ihren auf Höchstleistung angelegten Stoffwechsel zum Stillstand, das Tier damit zum Tode; trägere Arten dagegen vermögen selbst langdauernde Hungerperioden ohne Schaden zu überstehen. Maximale Leistungsfähigkeit bei hohem Stoffwechselaufwand und größte Ökonomie bei geringer Stoffwechselintensität sind zwei grundverschiedene aber gleich wirksame Wege der Natur zur Erhaltung der Individuen.

2. Der Sauerstoffverbrauch wird durch jede Art biologischer Aktivität erhöht, z.B. bei Ortsbewegung (s. Tab. 1) o. a. mechanischer Arbeit, bei Bildung von körpereigenen Substanzen während des Wachstums und in der Schwangerschaft, bei Vögeln und Säugetieren auch durch zusätzliche Wärmeproduktion zur

Konstanterhaltung der Körpertemperatur. Extreme Stoffwechselwerte zeigen Insekten, Vögel und Fledermäuse im Fluge. Auch nach Aufnahme von Nährstoffen, insbesondere Eiweißen, ist die Stoffwechselintensität erhöht („spezifisch dynamische Wirkung" der Nährstoffe). In der Medizin wird daher der „Grundumsatz" am nüchternen, ruhenden Menschen bestimmt.

Der Organismus kann ebensowenig wie etwa eine Verbrennungskraftmaschine chemische Energie verlustfrei in mechanische Arbeit umwandeln; ein beträchtlicher Teil der Stoffwechselenergie geht als Wärme verloren. Der Wirkungsgrad der „Maschine Mensch" liegt bei etwa 30—35 %.

3. Kleine Tiere haben einen relativ intensiveren Stoffwechsel als größere Vertreter der gleichen Art oder Tiergruppe (vergl. in Tab. 1 Maus und Mensch, Abb. 4). Die Abhängigkeit des Sauerstoffverbrauchs M

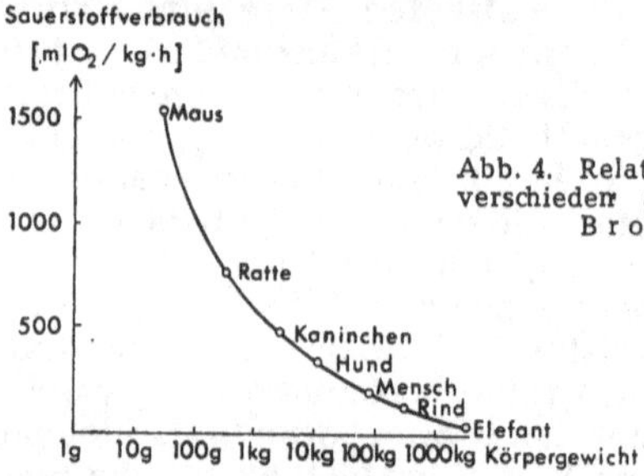

Abb. 4. Relative Stoffwechselintensität verschieden großer Säugetiere (nach Brody, verändert).

von dem Körpergewicht W läßt sich durch folgende Formeln beschreiben:

$$M = a \cdot W^{b} \tag{6a}$$

oder

$$\frac{M}{W} = a \cdot W^{b-1} \tag{6b}$$

Die Konstante a ist hier ein Maß für die Lebhaftigkeit

des Stoffwechsels und charakteristisch für die betreffende Tierart oder -gruppe. Die Konstante *b* kennzeichnet die Größenabhängigkeit des Stoffwechsels. Ist $b = 1$, so ist die absolute Stoffwechselintensität *M* (z. B. in ml O_2/Tier · h) dem Gewicht direkt proportional, die relative Stoffwechselintensität M/W (z. B. in ml O_2/kg · h) vom Körpergewicht unabhängig. Ist *b* kleiner als 1, so nimmt die relative Stoffwechselintensität mit steigendem Körpergewicht ab. Im Tierreich wurden für *b* Werte zwischen 0.55 und 1.0 gefunden; besonders häufig sind Werte um 0.73, die also zwischen Oberflächenproportionalität ($b = 0.67$) und Gewichtsproportionalität ($b = 1.0$) liegen. Eine Erklärung für dieses Phänomen der Abnahme der relativen Stoffwechselintensität mit steigendem Körpergewicht kann bisher nicht gegeben werden. Auch für Vögel und Säugetiere gilt der Wert $b = 0.73$. Die relative Stoffwechselintensität nimmt demgemäß mit sinkendem Körpergewicht rasch zu (Abb. 4); es muß einen unteren Grenzwert des Körpergewichts geben, unterhalb dessen die relative Stoffwechselintensität unbiologisch hohe Werte annehmen würde. Dieser Grenzwert scheint bei 3—4 g zu liegen und wird von gewissen Spitzmaus- und Kolibriarten tatsächlich erreicht, die relative Stoffwechselintensitäten von mehr als 10 000 ml O_2/kg · h aufweisen. Von einigen Kolibriarten wird berichtet, daß die Nährstoffreserven des Körpers nicht ausreichen, diese hohen Stoffwechselintensitäten während der nächtlichen Unterbrechung der Nahrungsaufnahme aufrechtzuerhalten; die Tiere senken nachts die Körpertemperatur und damit den Stoffumsatz und verfallen in Lethargie.

4. Die Stoffwechselintensität nimmt mit steigender Körpertemperatur zu, und zwar bei einer Temperaturerhöhung um 10° auf das 2—3fache (Temperaturkoeffizient $Q_{10} = 2$—3). Bei den meisten Tieren ist die Körpertemperatur gewöhnlich etwa gleich der Umgebungstemperatur (wechselwarme oder poikilo-

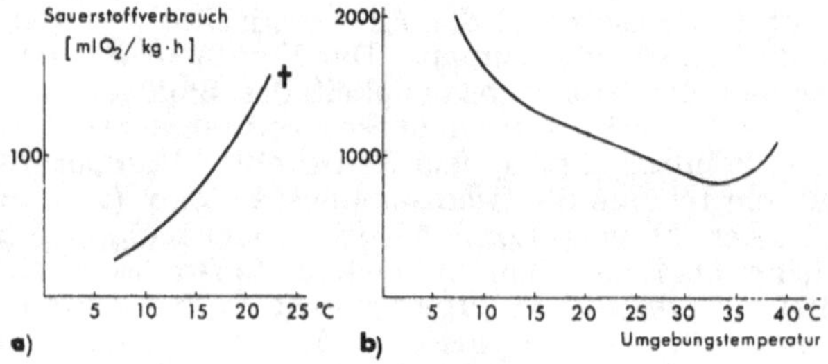

Abb. 5. Abhängigkeit des Sauerstoffverbrauchs von der Umgebungstemperatur: a) bei einer Forelle (nach Gibson u. Fry); b) bei der Ratte (nach Brody, verändert).

therme Tiere, s. S. 148). Die Abhängigkeit der Stoffwechselintensität von der Umgebungstemperatur bei einem Poikilothermen zeigt Abb. 5a. Für Vögel und Säugetiere, die ihre Körpertemperatur innerhalb gewisser Grenzen unabhängig von der Umgebungstemperatur konstant halten können (gleichwarme oder homoiotherme Tiere, s. S. 148), sehen die entsprechenden Kurven ganz anders aus (Abb. 5b). Mit steigender Umgebungstemperatur nimmt die Stoffwechselintensität zunächst ab bis zu einem Minimum, da der für die Aufrechterhaltung der hohen Körpertemperatur erforderliche Stoffwechselaufwand sinkt. Bei noch höheren Umgebungstemperaturen muß sich das Tier durch aktive Regulationsprozesse gegen Überhitzung schützen (s. S. 150); die Stoffwechselintensität steigt wieder an.

Stets gibt es eine obere und untere Grenztemperatur, bei der die Lebensprozesse erlöschen (obere und untere Letaltemperatur, obere in Abb. 5a mit † bezeichnet). Viele Organismen zeigen nach längerem Aufenthalt bei bestimmter Umgebungstemperatur eine Anpassung ihres Stoffwechsels (Temperaturadaptation) (Abb. 6): Bei der Adaptationstemperatur T_1 habe

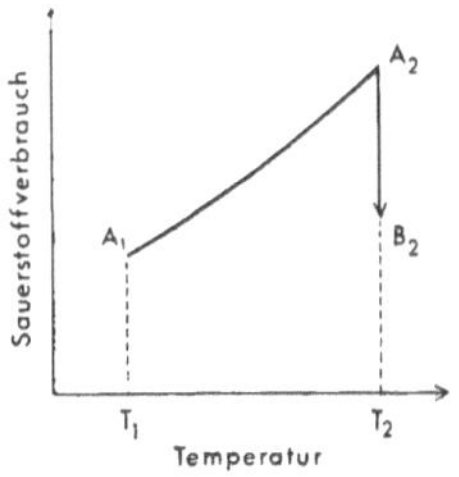

Abb. 6. Temperaturadaption (nach Precht, verändert). Erklärungen im Text.

ein Tier die Stoffwechselintensität A_1. Wird es jetzt der höheren Temperatur T_2 ausgesetzt, so steigt seine Stoffwechselintensität zunächst auf A_2. Nach einer gewissen Zeit paßt es sich jedoch an T_2 an, und seine Stoffwechselintensität nimmt wieder ab auf einen Wert B_2, der im Idealfalle gleich A_1 sein würde, im allgemeinen jedoch etwas höher liegt. Durch Adaptation können auch die Letaltemperaturen verschoben werden.

II. Ernährung

Ernährung ist die Aufnahme fester oder flüssiger Substanzen in den Organismus. Zwei Fragenkomplexe sind hier zu beantworten: (1.) Welche Stoffe müssen aufgenommen werden und (2.) wie erfolgt die Aufnahme?

a) Der Nährstoffbedarf

Die aufgenommenen Nährstoffe dienen als Energiequelle (s. S. 15) und als Baumaterial für den Aufbau körpereigener Substanz. Auch ausgewachsene Organismen bedürfen dieses Baumaterials, da große Teile der Körpersubstanz einem ständigen Umbau unterliegen (s. S. 14). Der Körper der Tiere enthält eine sehr große Zahl verschiedener Stoffe; insbesondere die Eiweiße, Nucleinsäuren und Polysaccharide, deren große Moleküle aus Tausenden von Atomen bestehen (makromolekulare Stoffe), treten in fast unbegrenzter Vielfalt auf. Diese Fülle körpereigener Substanzen entsteht durch Umbau und Zusammenfügen aus einer verhältnismäßig kleinen Zahl von Nahrungsbestandteilen. Dementsprechend sind die chemischen Vorgänge der Synthese von Körpersubstanzen sehr viel verwickelter als die der Energiegewinnung. Sie können hier nicht einmal andeutend behandelt werden.

1. Die chemischen Elemente

Selbstverständlich muß jedes Tier alle chemischen Elemente mit der Nahrung aufnehmen, die in seine Körpersubstanz eingebaut werden sollen. Die Elementarzusammensetzung des Menschen ist in Tab. 2 aufgeführt; die Zusammensetzung tierischer Organismen entspricht — von wenigen Besonderheiten abgesehen — stets etwa dem dort wiedergegebenen Bilde. Demnach besteht die Körpersubstanz der Tiere zu mehr als 99 % aus den 11 „Mengenelementen". Daneben finden sich Spuren von etwa 20—25 weiteren Elementen; von einigen dieser „Spurenelemente" (Eisen Fe, Kupfer Cu, Mangan Mn, Jod J, Zink Zn,

Tab. 2

Elementarzusammensetzung des erwachsenen Menschen (nach Holtz u. Flaschenträger):

Sauerstoff	O	63 %
Kohlenstoff	C	20 %
Wasserstoff	H	10 %
Stickstoff	N	3 %
Calcium	Ca	1,5 %
Phosphor	P	1 %
Kalium	K	0,25 %
Schwefel	S	0,2 %
Chlor	Cl	0,1 %
Natrium	Na	0,1 %
Magnesium	Mg	0,04 %
Spurenelemente	zus.	0,81 %

Kobalt Co) weiß man, daß sie ebenfalls lebenswichtig sind; andere gelangen wohl mehr zufällig in den Körper.

Von den lebenswichtigen Elementen können viele in anorganischer Form aufgenommen werden: O und H als Wasser H_2O, die Metalle Ca, K, Na, Mg, Fe, Cu, Mn, Zn und Co in Form ihrer Salze, P als Phosphat, Cl als Chlorid, J als Jodid. Dagegen sind C, N und S für die Tiere nur in Form organischer Verbindungen verwertbar; der auch bei Tieren mögliche Einbau von CO_2 in organische Verbindungen spielt in der Bilanz keine große Rolle. Das Kohlenstoffgerüst der körpereigenen Substanzen wird aus dem der Nährstoffe aufgebaut. Der Stickstoff stammt überwiegend aus den Aminogruppen ($-NH_2$) der Aminosäuren. Der Schwefel wird vor allem in Form der Aminosäuren Methionin $CH_3 \cdot S \cdot CH_2 \cdot CH_2 \cdot CH(NH_2) \cdot COOH$ und Cystin $HOOC \cdot CH(NH_2) \cdot CH_2 \cdot S \cdot S \cdot CH_2 \cdot CH(NH_2) \cdot COOH$ aufgenommen; Sulfatschwefel kann nicht zu der zweiwertigen, organisch gebundenen Form reduziert werden.

2. *Essentielle Nährstoffe*

Der tierische Organismus baut die große Zahl der Körpersubstanzen fast ausnahmslos aus den wenigen erwähnten Bausteinen auf. Einige Körperbestandteile allerdings vermögen die Tiere nicht selbst zu synthetisieren; diese Stoffe müssen mit der Nahrung aufgenommen werden. Der Bedarf an solchen „essentiellen Nahrungsfaktoren" stimmt bei allen Tieren ungefähr überein; die entsprechenden Fähigkeiten der Biosynthese sind also schon frühzeitig in der Stammesgeschichte verloren gegangen.

Ein Teil der unentbehrlichen Nährstoffe wird unter dem Namen „V i t a m i n e" zusammengefaßt, obgleich es sich um Stoffe sehr unterschiedlicher chemischer Natur handelt. Früher war es üblich, die Vitamine mit den ersten Buchstaben des Alphabets zu bezeichnen; heute wird im allgemeinen der chemische Name angegeben. Viele Vitamine sind Bestandteile von Enzymen, dies gilt für die Vitamine der „B-Gruppe": Thiamin (B_1), Riboflavin (B_2), Pyridoxin (B_6), Nicotinsäureamid, Biotin, Pantothensäure, Folsäure und Cobalamin (B_{12}) und wohl auch für die Tocopherole (E) und das Phyllochinon (K_1). Das Calciferol (D) fördert die Resorption des Calciums im Darm und beeinflußt den Knochenstoffwechsel; es ist wohl nur für die Wirbeltiere essentiell. Von dem Vitamin A bzw. dessen Vorstufen, den Carotinen, leiten sich die Sehfarbstoffe der Wirbeltiere, Cephalopoden, Krebse und Insekten ab. Die erforderlichen Vitaminmengen sind stets sehr klein, beim Menschen in der Größenordnung von 0,1—1 mg/Tag. Die biologische Rolle des Vitamin C, der Ascorbinsäure, ist bis heute ungeklärt. Der Mensch braucht etwa 50 mg/Tag; bei Fehlen dieses Vitamins kommt es zu einer charakteristischen Mangelkrankheit, dem Skorbut. Die meisten Wirbeltiere vermögen Ascorbinsäure selbst zu synthetisieren, können also keinen Skorbut bekommen. Ebenso wie dem Menschen fehlt diese Fähigkeit den übrigen Primaten, dem Meerschweinchen, dem Murmeltier, dem Flughund *Pteropus* und einem Sperlingsvogel (*Pycnonotus*). Heuschrecken, Seidenspinner und einige andere Insekten benötigen ebenfalls Vitamin C.

Zu den unentbehrlichen Nährstoffen gehören ferner bestimmte A m i n o s ä u r e n, deren Kohlenstoffgerüst im tierischen Organismus nicht gebildet werden kann. Auch hier zeigt der Bedarf bei allen Tieren weitgehende Übereinstimmung; die im folgenden aufgezählten Aminosäuren sind essentiell nicht nur für die Wirbeltiere, sondern auch für die Taufliege *Drosophila,* für den Nematoden *Caenorhabditis,* den Ciliaten *Tetrahymena* u. a. Tiere: Valin, Leucin, Isoleucin, Threonin, Histidin, Methionin, Phenylalanin, Tryptophan, Lysin und Arginin.

Der Mensch, manche Wirbeltiere und Insekten benötigen bestimmte ungesättigte Fettsäuren (Linol-, Linolensäure); ob diese auch für andere Tiere essentiell sind, ist nicht bekannt. Trotz weitgehender Übereinstimmung gibt es doch im Nährstoffbedarf der verschiedenen Tiere einige Besonderheiten. So sind die Insekten auf Zufuhr von Cholesterin oder anderen Sterinen angewiesen, da sie diese wichtigen Körperbausteine nicht synthetisieren können. Ebenso ist Bedarf an Cholin, Carnitin und Inosit offenbar vor allem auf Insekten beschränkt. Der Eisenporphyrinfarbstoff Haematin ist essentiell für den im Blut parasitierenden Flagellaten *Trypanosoma* und die blutsaugende Wanze *Triatoma*. Gewisse Protozoen benötigen Purine oder Pyrimidine.

3. *Nährstoffbedarf und Symbiose*

Es steht heute fest, daß fast alle Tiere in ihrem Körper irgendwelche Mikroorganismen beherbergen. In vielen Fällen besteht ein wechselseitiges Abhängigkeitsverhältnis (Symbiose), das vor allem von der Physiologie der Ernährung her verstanden werden kann. Als Symbionten kommen Bakterien, Hefen, Algen und Protozoen in Betracht. Im einfachsten und häufigsten Falle sind diese Organismen Bewohner des Darmtrakts, oft auf bestimmte Darmabschnitte beschränkt. Vielfach leben sie jedoch auch in den Geweben des Wirts, bei zahlreichen Insekten sogar in besonderen Organen (Myzetomen).

Bei den intrazellulär lebenden Algen unterscheidet man die Zoochlorellen der Süßwasserbewohner und die Zooxanthellen der Meerestiere. Zoochlorellen kommen bei vielen Protozoen (Rhizopoden und Ciliaten), Süßwasserpolypen (z. B. *Chlorohydra*), Schwämmen, Turbellarien und Rotatorien vor, Zooxanthellen bei Protozoen (z. B. Radiolarien), Coelenteraten (z. B. Korallen) und Turbellarien (z. B. *Convo-*

luta). Die autotrophen Algen tragen zum Nährstoffbedarf ihrer Wirte zweifellos sehr wesentlich bei; von *Convoluta* weiß man, daß sie als ausgewachsenes Tier keine Nahrung mehr aufnimmt, sondern ausschließlich durch die Symbionten ernährt wird.

Die biosynthetischen Fähigkeiten der pflanzlichen Mikroorganismen sind denen der Tiere weit überlegen; symbiontische Bakterien, Hefen oder Algen können ihren Wirten daher essentielle Nährstoffe liefern. Dies gilt auch für die Darmbakterien der Säugetiere. Besonders günstig ist die Situation bei den Wiederkäuern, die solche Symbionten in einem Abschnitt des Magens, dem Pansen, beherbergen. Bei den übrigen Säugern sitzen die Symbionten in den letzten Darmabschnitten, dem Blinddarm und Dickdarm; daher können die gebildeten Nährstoffe nicht mehr vollständig ausgenutzt werden. Kaninchen u. a. Nager nehmen den aus dem Blinddarm stammenden, besonders nährstoffreichen Kot erneut auf. Auch bei manchen Insekten ist die Bedeutung ihrer Symbionten für die Nährstoffversorgung näher bekannt. So liefern die bei den Larven des Brotkäfers *Sitodrepa* in Mitteldarm-Blindsäcken lebenden Hefen nicht weniger als acht essentielle Nährstoffe; die Symbionten im Fettkörper der Schabe *Leucophaea* bilden Ascorbinsäure; mehrere Schabenarten vermögen mit Hilfe ihrer intrazellulären Symbionten Sulfat für ihren Schwefelstoffwechsel auszunutzen.

4. Die Ernährungstypen

Die meisten Tiere sind bis zum gewissen Grade auf bestimmte Arten von Nahrung spezialisiert. Die Fleischfresser (Carnivoren) ernähren sich von anderen Tieren; hierher gehören die Coelenteraten, Turbellarien, Spinnen, Skorpione, Cephalopoden und Amphibien, sowie viele Polychaeten, Echinodermen, Fische, Reptilien und Säuger. Die Pflanzenfresser

(Herbivoren) nehmen hauptsächlich pflanzliche Nahrung auf; herbivor sind z. B. viele Insekten und Pulmonaten, die Nagetiere und Huftiere. Die Allesfresser (Omnivoren) fressen sowohl pflanzliche wie tierische Nahrung; zu ihnen zählen z. B. Ameisen, Wespen, viele Vögel sowie unter den Säugern Landbären, Schwein und Mensch. Die Saprophagen verzehren in Zersetzung begriffene organische Substanzen: viele Nematoden, Oligochaeten und Fliegenlarven. Viele Tiere sind strenger spezialisiert, z. B. Parasiten auf bestimmte Wirte, Pflanzenfresser auf bestimmte Pflanzen. Einige dieser Nahrungsspezialisten vermögen Stoffe auszunutzen, die für andere Tiere unverdaulich sind, wie Hornsubstanzen (Larven der Kleidermotte *Tineola* und einiger Käfer, Mallophagen) oder das Wachs der Bienenwaben (Larven der Wachsmotte *Galleria* und eine afrikanische Vogelgattung, der „Honiganzeiger" *Indicator*).

b) Die Aufnahme der Nährstoffe in den Körper

Die Prozesse der Energiegewinnung und des Aufbaus körpereigener Substanzen gehen stets von einfachen chemischen Verbindungen niederen Molekulargewichts aus. Die Nahrung der Tiere, zumeist andere Organismen, besteht jedoch größtenteils aus makromolekularen Substanzen und zusammengesetzten Verbindungen; sie muß für die Verwertung im Zellstoffwechsel aufbereitet, d. h. in eine wässrige Lösung niedermolekularer Stoffe verwandelt werden (Verdauung). Dies geschieht durch die Tätigkeit der Verdauungsenzyme. Im allgemeinen wirken diese im Darmlumen, das man als abgesonderten Teil der Außenwelt betrachten kann. Beim Menschen und vielen Tieren werden die Nährstoffe erst nach vollständiger Aufbereitung in Form einzelner Moleküle in die Zellen der Darmwand aufgenommen

(Resorption) und von dort zu den übrigen Zellen des Körpers transportiert. Bei anderen Tieren dagegen erfolgt im Darmlumen nur eine Vorverdauung, die Nahrung wird, noch unvollständig aufbereitet, in Form kleiner Partikel von den Zellen des Darmes aufgenommen (Phagocytose) und erst im Inneren dieser Zellen zu Ende verdaut (intrazelluläre Verdauung). Schließlich gibt es Tiere, die ihre Verdauungsenzyme aus dem Darm in das Beutetier hinein entleeren können, bei denen also die ersten Schritte der Verdauung außerhalb des Darmes stattfinden (extraintestinale Verdauung).

Die chemische Aufbereitung der Nahrung durch die Verdauungsenzyme wird bei vielen Tieren durch mechanische Zerkleinerung größerer Nahrungsbrocken unterstützt.

Versteht man das Darmlumen als Teil der Außenwelt, so wird deutlich, daß die Nahrung mit der Aufnahme in den Darm noch nicht in das Stoffwechselgeschehen eingeschleust ist. Dies geschieht erst durch Resorption oder Phagocytose. Unverdauliche Teile der Nahrung bleiben bei der Resorption im Darmlumen zurück und werden durch die Afteröffnung wieder nach außen abgegeben (Defäkation). Auch die nach intrazellulärer Verdauung zurückbleibenden Reste werden in das Darmlumen ausgestoßen.

1. Nahrungswahl

Vor oder während der Aufnahme der Nahrung in den Darm erfolgt meist eine Nahrungswahl. Die Nahrung wird mit verschiedenen Sinnesorganen geprüft; von besonderer Bedeutung sind die chemischen Sinne Geruch und Geschmack, aber auch der Tastsinn u. a. mechanische Sinne spielen hier eine Rolle. Nur wenn die Nahrung bestimmte chemische und physikalische Eigenschaften besitzt, wird sie aufgenommen. Das z. B. bei pflanzenfressenden Insekten weit verbreitete

Nahrungsspezialistentum beruht wohl mehr auf besonderen Ansprüchen bei der Nahrungswahl als darauf, daß andere Nahrung etwa den Stoffbedarf nicht befriedigen könnte. Bei der streng auf Maulbeerblätter spezialisierten Seidenraupe sind die Geruchs- und Geschmacksstoffe, welche die Nahrungsaufnahme auslösen, genau bekannt: Citral u. a. Terpene („Anlockfaktoren"), β-Sitosterin + Isoquercetin oder Morin („Beißfaktor"), Cellulose („Schluckfaktor"), Rohrzucker u. a. „Cofaktoren". Mit diesen Stoffen präparierte unverdauliche Substanzen werden von den Raupen fast ebenso gern gefressen wie Maulbeerblätter. Die Freßreaktionen vieler Coelenteraten werden durch das Peptid Glutathion ausgelöst. Nahrungswahl gibt es auch bei Filtrierern: Muscheln verstärken ihren Nahrungswasserstrom, wenn dem Wasser verdauliche Partikel zugesetzt werden, nicht aber bei Zusatz von Tusche- oder Karminkörnchen. Sogar die phagocytierenden Zellen besitzen ein gewisses Auswahlvermögen.

2. *Nahrungsaufnahme in den Darm und mechanische Aufbereitung der Nahrung*

Nach der Art der Nahrungsaufnahme in den Darm kann man im Tierreich folgende Typen unterscheiden:
(1.) Die Schlinger schlucken ihre Beute, gewöhnlich ganze Tiere, unzerteilt hinunter. Diese Art der Nahrungsaufnahme ist im Tierreich weit verbreitet. Schlinger sind z. B. alle Coelenteraten und räuberischen Anneliden, sowie unter den Wirbeltieren die Raubfische, alle Amphibien, die Schlangen, fischfressenden Vögel und Zahnwale. Unter den Arthropoden gibt es — wohl wegen der Undehnbarkeit ihres Chitinaußenskeletts — keine Schlinger.
(2.) Bei den Zerkleinerern wird die Nahrung schon während der Aufnahme mit Hilfe von Mundwerkzeugen mechanisch aufbereitet. Der erreichte Grad der Nahrungszerkleinerung ist sehr unterschied-

lich. Die Crustaceen, Cephalopoden, Haie, Krokodile, Schildkröten und Vögel sowie die Raubtiere unter den Säugern beißen oder reißen größere Brocken von ihrer Nahrung ab. Dagegen vermögen die meisten pflanzenfressenden Schnecken, Insekten und Säugetiere ihre Nahrung sehr fein zu zerkleinern. Wegen der chemischen Resistenz der Cellulose müssen Blätter und Gräser vor der chemischen Verdauung mechanisch aufbereitet werden, um den Zellinhalt dem Angriff der Verdauungsenzyme zugänglich zu machen. Der in den höheren Pflanzen enthaltene Nahrungsvorrat kann daher nur von Säugern, Insekten und pulmonaten Schnecken genutzt werden.

Die oft komplizierte Anatomie der Mundwerkzeuge sowie der weiteren im Dienste der Nahrungszerkleinerung stehenden Einrichtungen kann hier nur andeutend besprochen werden. Die Mollusken, mit Ausnahme der Muscheln, besitzen am Boden der Mundhöhle eine mit Zähnchen besetzte Reibzunge (Radula),

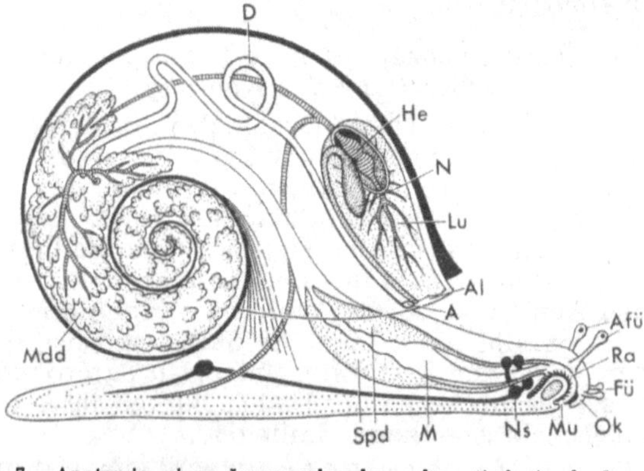

Abb. 7. Anatomie einer Lungenschnecke, schematisch (nach Janus, verändert). A = After, Afü = Augenfühler, Al = Atemloch, D = Darm, Fü = Fühler, He = Herz, Lu = Lunge, M = Magen, Mdd = Mitteldarmdrüse, Mu = Mundöffnung, N = Nephridium, Ns = Nervensystem, Ok = Oberkiefer, Ra = Radula, Spd = Speicheldrüsen.

sowie seitlich oder dorsal sogenannte Kiefer, die dem Festhalten der Nahrung und als Widerlager für die Radula dienen (Abb. 7). Bei den Insekten wird die Nahrung vor allem durch die Mandibeln zerkleinert, während die zwei Paar Maxillen und das Labrum den vor der Mundöffnung liegenden Kauraum abgrenzen (Abb. 8). In der Gruppe der Wirbeltiere finden sich echte Mahlzähne vor allem bei vielen Säugern, ferner bei einigen Fischen (Rochen, Seewolf *Anarrhichas*). Die Säugetiere besitzen in der großen Beweglichkeit ihrer muskulösen Zunge, den Wangen und Lippen, die den Kauraum abgrenzen, sowie der Verlagerung der inneren Nasenöffnungen (Choanen) in den Hintergrund

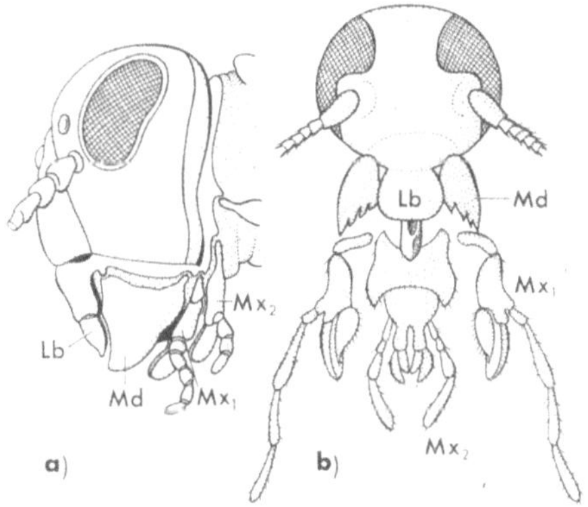

Abb. 8: Kauende Mundwerkzeuge eines Insekts: a) von der Seite (nach Weber); b) von vorn, Mundwerkzeuge auseinandergelegt (nach Kühn). Lb = Labrum, Md = Mandibel, Mx_1 = 1. Maxille, Mx_2 = 2. Maxillen (Labium).

der Mundhöhle besondere Anpassungen im Dienste des Kauvermögens. Auch die wohlentwickelten Speicheldrüsen der Schnecken, Insekten und Säugetiere stehen im Dienste der Nahrungszerkleinerung. Die von ihnen produzierten Schleimsubstanzen erleichtern die Bewegung und Zerkleinerung der Nahrungsbrocken im Kauraum; oftmals enthält das Sekret der Speicheldrüsen auch Verdauungsenzyme. Bei manchen Tieren findet eine mechanische Aufbereitung der Nahrung erst nach deren Aufnahme in weiter hinten gelegenen Darmabschnitten (Kaumägen) statt. In dem Muskelmagen des Regenwurms (Abb. 9) wird die Nahrung mit dem gleichzeitig aufgenommenen Sand durchgeknetet; das Huhn und andere körnerfressende Vögel nehmen kleine Steinchen in ihren Muskelmagen auf. Bei manchen Insekten (z. B. Schaben) und den hö-

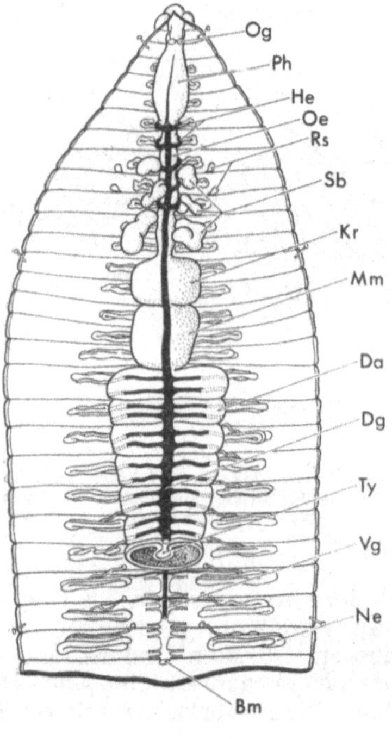

Abb. 9. Regenwurm *Lumbricus*, von dorsal, aufgeschnitten (nach Matthes). Bm = Bauchmark, Da = Darm, Dg = Dorsalgefäß, He = „Herz" (kontraktile Gefäßschlinge), Kr = Kropf, Mm = Muskelmagen, Ne = Nephridium, Oe = Oesophagus, Og = Oberschlundganglion, Ph = Pharynx, Rs = Receptacula seminis, Sb = Samenblasen, Ty = Typhlosolis, Vg = Ventralgefäß.

heren Krebsen enthält der Kaumagen Leisten oder Zähnchen aus Chitin.

(3.) Die Filtrierer, Strudler oder Mikrophagen ernähren sich von im Wasser schwimmenden kleinen Organismen (Plankton) oder Nahrungspartikeln. Stets sind die aufgenommenen Nahrungsobjekte klein im Verhältnis zu dem filtrierenden Tier; ihre absolute Größe kann jedoch sehr unterschiedlich sein. So ernähren sich die riesigen Bartenwale von planktontischen Krebsen, Schnecken und Cephalopoden sowie Fischen bis Heringsgröße; die winzigen Appendicularien dagegen, eine Gruppe freischwimmender Tunicaten, vermögen noch Organismen aus dem Wasser herauszufiltrieren, die selbst die feinsten Planktonnetze passieren. Das Filtrieren ist im Tierreich weit verbreitet. Zu den Mikrophagen gehören z. B. die meisten Ciliaten, alle Schwämme, Moostierchen (Bryozoen), fast alle Muscheln, viele Krebse (z. B. der Wasserfloh *Daphnia*), die Haarsterne (Crinoiden) unter den Echinodermen, die Tunicaten, das Lanzettfischchen *Branchiostoma*, einige Fische, vor allem die Riesenhaie *Rhinodon* und *Selache*, die Anurenlarven und die Bartenwale.

Bei der Nahrungsaufnahme durch Filtrieren sind stets drei Phasen zu unterscheiden: Es wird ein Wasserstrom erzeugt; die in dem Wasser enthaltenen Partikel werden durch ein Filter herausgefangen; die Nahrungspartikel werden zur Mundöffnung gebracht und verschluckt. Im einzelnen sind die Mechanismen sehr unterschiedlich.

Der Wasserstrom entsteht in der Mehrzahl der Fälle durch den Schlag von Geißeln oder Cilien: In das innere Kanalsysteme der Schwämme sind Geißelkammern eingeschaltet, die von einem besonderen Zelltyp, den Kragengeißelzellen (Abb. 10), ausgekleidet sind. Der von der Geißel dieser Zellen erzeugte Wasserstrom passiert den aus feinen Plasmafortsätzen reu-

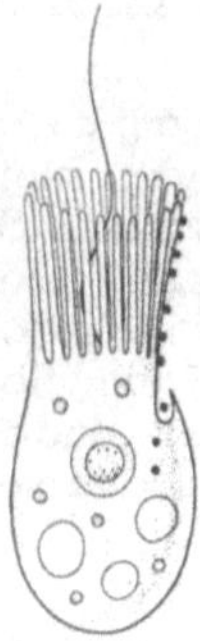

Abb. 10. Kragengeißelzelle eines Schwammes (nach Kümmel).

senartig aufgebauten Kragen; die Nahrungspartikel werden von dem Kragen zurückgehalten und gelangen durch Phagocytose in das Zellinnere. Echte Wimperepithelien bedecken die Tentakeln der Bryozoen, Crinoiden und sedentären Polychaeten und die Kiemen der Muscheln, Tunicaten und des Lanzettfischchens. Der Wasserstrom kann aber auch durch Muskeltätigkeit zustandekommen: Die Extremitäten von *Daphnia* tragen einen dichten Haarbesatz, der wie eine Reuse wirkt. Durch rhythmische Bewegungen der Beine wird das Wasser durch diese Reuse gepreßt und dabei von Nahrungspartikeln befreit (Abb. 11). Der Polychaet

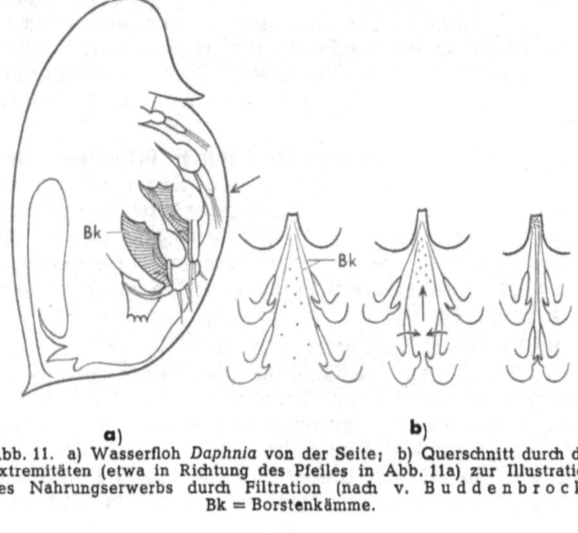

Abb. 11. a) Wasserfloh *Daphnia* von der Seite; b) Querschnitt durch die Extremitäten (etwa in Richtung des Pfeiles in Abb. 11a) zur Illustration des Nahrungserwerbs durch Filtration (nach v. Buddenbrock). Bk = Borstenkämme.

Chaetopterus erzeugt durch rhythmische Körperbewegungen in seiner Wohnröhre einen Wasserstrom. Dieser wird durch einen aus Schleimfäden zusammengesetzten Beutel hindurchfiltriert, den der Wurm auf seinem Rücken trägt (Abb. 12). Die großen Wale schwimmen meist einfach mit geöffnetem Maul durch die Schwärme ihrer Beutetiere hindurch.

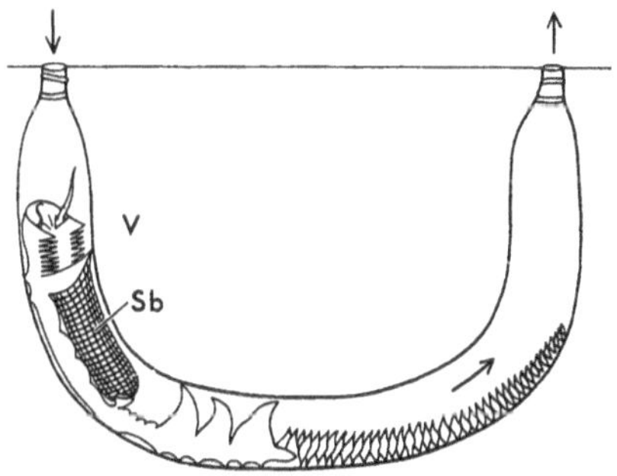

Abb. 12. *Chaetopterus* (Polychaet) in seiner Wohnröhre (nach Mac Ginitie aus v. Buddenbrock). Pfeile = Richtung des Wasserstroms, Sb = Schleimbeutel. V=Vorderende.

Als Filter funktionieren reusenartig gebaute Kiemen (z. B. Muscheln, Tunicaten, *Branchiostoma*), Cilienreihen (z. B. Bryozoen, sedentäre Polychaeten), Reihen von Chitinhaaren (*Daphnia*) oder Hornplatten (Bartenwale). Bei den Muscheln, den Tunicaten und *Branchiostoma* wird die Filterwirkung durch Schleimüberzug der Kiemen verstärkt. Bei manchen Tieren existieren auch aus Schleimfäden zusammengesetzte Filter ohne feste Unterlage (*Chaetopterus,* Pantoffelschnecke *Crepidula*).

Der Transport der Nahrung zum Munde erfolgt z. B. durch Wimperreihen oder -rinnen (Polychaeten, Bryozoen, Muscheln, *Crepidula,* Crinoiden, Tunicaten, *Branchiostoma*) oder etwa bei *Daphnia* durch Wasserströme in einer ventralen Futterrinne.

(4.) Fressen von Sand und Schlamm: Die meisten Oligochoeten, manche Polychaeten, Seewalzen und Seeigel nutzen die in Erde und Schlamm enthaltenen Nahrungspartikel aus.

(5.) Aufnahme flüssiger Nahrung: Hier ist zu unterscheiden zwischen den Fällen, in denen von vornherein flüssige Nahrung vorliegt, und solchen, in denen ursprünglich feste Nahrung durch weitgehende extraintestinale Verdauung verflüssigt wurde. Nektar (Schmetterlinge, Bienen), Pflanzensäfte (Blattläuse, Wanzen, Zikaden) oder Blut (*Hirudo* u. a. Blutegel, Zecken, blutsaugende Insekten) werden mit Hilfe oft hochkomplizierter Saugvorrichtungen aufgenommen. Die Blutsauger geben gerinnungshemmende Stoffe in die Stichwunde ab. Am bekanntesten ist das Hirudin des Blutegels; neuerdings sind gerinnungshemmende Stoffe auch von den Zecken *Ixodes* und *Ornithodorus*, der Wanze *Rhodnius* und verschiededen Bremsen bekannt geworden. Bei manchen Tieren mit extraintestinaler Vorverdauung ist der Eingang in den Darmtrakt so eng, daß nur verflüssigte Nahrung aufgenommen werden kann (Gelbrandkäferlarve, Spinnen).

3. *Verdauungsenzyme*

Sämtliche Verdauungsenzyme gehören zur Gruppe der Hydrolasen, die chemische Bindungen unter Einlagerung von Wasser spalten.

Die Esterasen oder Lipasen spalten aus den Neutralfetten (Triglyzeriden) nacheinander die drei mit dem Glyzerin veresterten Fettsäuren ab; es entstehen zunächst Di-, dann Monoglyzeride, schließlich freies Glyzerin und Fettsäuren. Die Lipasen wirken nur auf feinverteiltes („emulgiertes") Fett. Bei den Wirbeltieren wird eine feine Fettemulsion im Darminhalt vor allem durch die von der Leber produzierten Gallensäuren erzeugt. Auch wirbellose Tiere besitzen „Emulgatoren", deren chemische Natur allerdings noch unbekannt ist.

Im Gegensatz zu den Esterasen sind die kohlenhydratspaltenden Enzyme, die Carbohydrasen, streng spezifisch auf bestimmte Substrate eingestellt. Es sind zu unterscheiden die Polysaccharidasen, welche Polysaccharide spalten, und die Glykosidasen, welche Oligo- und Disaccharide hydrolysieren. Die im Tierreich weitest verbreitete Polysaccharidase ist die α-Amylase, die aus Stärke oder Glykogen vor allem Maltose bildet. Cellulose- und chitinspaltende Enzyme kommen weit seltener vor. In den meisten Fällen mögen diese das Produkt symbiontischer Mikroorganismen sein, doch gibt es auch tiereigene Cellulasen (Schnecke *Levantina*, „Silberfischchen" *Ctenolepisma)* und Chitinasen *(Lumbricus, Helix,* einige Wirbeltiere). Der Mensch besitzt nur zwei Typen von Glykosidasen, die malzzucker-spaltende Maltase und die milchzucker-spaltende Lactase. Bei herbivoren Tieren, wie der Weinbergschnecke, ist die Ausstattung mit Carbohydrasen weit reicher.

Die Proteasen hydrolysieren die Peptidbindungen, welche die Aminosäurenbausteine der Proteine verknüpfen. Man unterscheidet Endopeptidasen (= Proteinasen), die nur Peptidbindungen im Innern der Kette spalten, und Exopeptidasen, die nur endständige Peptidbindungen angreifen. Am besten bekannt sind die Proteinasen der Wirbeltiere: das Pepsin des Magens, das bei stark saurer Reaktion wirkt (pH 1,5), das Kathepsin, das ebenfalls im Magen vorkommt und sein Wirkungsoptimum im schwach sauren Bereich hat (pH 4—5), das Trypsin und Chymotrypsin der Bauchspeicheldrüse, deren Optimum im schwach Alkalischen liegt (pH 7—9). Diese Enzyme (mit Ausnahme des Kathepsins) werden in der Magenschleimhaut bzw. im Pankreas in Form inaktiver Vorstufen gebildet (Pepsinogen, Trypsinogen, Chymotrypsinogen) und erst im Darmlumen aktiviert. Das früher als einheitliches Enzym angesehene Erepsin des Darmsafts ist ein Gemisch verschiedener Peptidasen. Exopeptidasen kommen auch im Pankreassaft vor. Es sind zu unterscheiden: Carboxypeptidasen, welche die Aminosäuren mit freier Carboxylgruppe (also am einen Ende der Polypeptidkette) abspalten, Aminopeptidasen, welche die Aminosäuren mit freier Aminogruppe (am anderen Ende der Polypeptidkette) abtrennen, und zahlreiche Dipeptidasen, die spezifisch für die verschiedenen Dipeptide sind. Die Proteinasen der wirbellosen Tiere werden häufig nach ihrem pH-Optimum als „katheptische" oder „tryptische" bezeichnet, doch ist meist nicht bekannt, wie weit sie auch sonst den Wirbeltierenzymen vergleichbar sind. Proteinasen mit Wirkungsoptimum im stark sauren Bereich („peptische" Proteinasen) sind bei wirbellosen Tieren sehr selten.

Die Enzymausstattung der verschiedenen Tiere ist an die Ernährung angepaßt: pflanzenfressende Formen besitzen besonders aktive Carbohydrasen; bei Fleischfressern überwiegen die Proteasen. Die Verdauungsenzyme werden im allgemeinen erst bei Bedarf in den Darm abgegeben. Die Steuerung der Enzymsekretion ist nur bei den Wirbeltieren genauer bekannt; sie beruht hier auf dem Zusammenwirken nervöser und hormonaler Mechanismen.

4. Verdauung und Symbiose

Die im Darm der Tiere lebenden Mikroorganismen sind nicht nur als Nährstofflieferanten von Bedeutung (s. S. 31), sondern können auch mit ihren Enzymen wesentlich an der chemischen Aufbereitung der Nahrung beteiligt sein. Einen Extremfall stellt der Blutegel *Hirudo* dar, dessen Darmbakterium *Pseudomonas hirudinis* praktisch die gesamte Verdauungsarbeit übernommen hat. Die Verdauung der Cellulose beruht offenbar stets zumindest teilweise auf der Tätigkeit von Darmsymbionten, wie z. B. bei dem Regenwurm *Lumbricus,* den pulmonaten Schnecken, vielen Insekten und herbivoren Säugetieren. Die wachsspaltenden Enzyme (Cerasen) im Darm der Wachsmotte und des „Honiganzeigers" (s. S. 33) sind ebenfalls bakterieller Herkunft.

5. *Phagocytose und intrazelluläre Verdauung*

Phagocytose und intrazelluläre Verdauung sind phylogenetisch ältere Prozesse als extrazelluläre Verdauung und Resorption. Sie finden sich bei allen von geformter Nahrung lebenden Protozoen, ferner bei den Schwämmen in den Kragengeißelzellen und Wanderzellen, bei den Coelenteraten in den Entodermzellen des Gastralraums, bei den Turbellarien in den Darmzellen, bei den Muscheln sowie manchen Schnecken und Spinnentieren in den Zellen der Mitteldarmdrüse. Sie fehlen hingegen den Anneliden, Krebsen, Insekten und Wirbeltieren.

Nur relativ kleine Nahrungspartikel können phagocytiert werden; außer bei den Protozoen und den mikrophagen Schwämmen geht daher der Phagocytose immer eine extrazelluläre Vorverdauung voraus. Der Ablauf der intrazellulären Verdauung ist stets etwa der gleiche: die Nahrungspartikel werden während der Phagocytose von einer feinen Membran eingeschlossen; in die so entstandene Vakuole hinein werden die Verdauungsenzyme abgeschieden; die Nahrungspartikel lösen sich allmählich auf; die Nährstoffe werden durch die Vakuolenmembran hindurch vom Zellplasma aufgenommen. Die unverdaulichen Reste werden bei den Protozoen nach außen abgegeben; bei den Metazoen werden die mit solchen Stoffen beladenen Zellenden oder die ganzen Zellen abgestoßen.

6. *Resorption*

Die Fähigkeit, gelöste Substanzen aus der Umgebung durch die Zellmembran hindurch in das Zellinnere aufzunehmen, kommt zweifellos allen Zellen zu. Das Darmepithel, das die Nährstoffe aus dem Darmlumen resorbiert, ist hierfür jedoch besonders spezialisiert. Bei den Bandwürmern, die in einem bereits aufbereiteten Nährstoffgemisch leben und keinen Darm haben, besitzen die Zellen der Körperoberfläche ein hohes Resorptionsvermögen.

Gelöste Stoffe können durch zwei Mechanismen in das Zellinnere gelangen. Der besser bekannte und für die Resorption im Darm wohl auch wichtigere ist die Aufnahme einzelner Moleküle oder Ionen. Wie stets bei dem Transport von Stoffen durch die Zellmembran, ist auch hier die Frage nach den wirksamen Kräften zu stellen. Auf einfachen physikalischen Kräften beruht die Diffusion, die stets in Richtung des Konzentrationsgefälles verläuft. An dem aktiven Transport von Molekülen durch die Zellmembran ist dagegen in bisher noch weitgehend unbekannter Weise die Stoffwechselenergie der Zelle beteiligt. Der aktive Transport ist auch gegen ein Konzentrationsgefälle möglich und stets selektiv, d. h. spezifisch für bestimmte Stoffe. Im Säugetierdarm werden nur wenige Nährstoffe durch einfache Diffusion aufgenommen (z. B. wasserlösliche Vitamine), die meisten aktiv resorbiert. Die aktiv transportierten Zucker haben hier alle den gleichen Transportmechanismus; dagegen gibt es offenbar mehrere Transportsysteme für Aminosäuren. Auch bei den Bandwürmern erfolgt die Resorption der Zukker und Aminosäuren durch aktiven Transport, bei den bisher untersuchten Insekten dagegen durch Diffusion.

Der zweite Mechanismus, durch den gelöste Substanzen in das Innere tierischer Zellen gelangen können, ist erst seit einigen Jahren bekannt. Er besteht darin, daß feinste Tröpfchen des umgebenden Mediums von etwa 0,05—2 μ Durchmesser mitsamt den darin enthaltenen Stoffen in die Zelle aufgenommen werden. Diese „Pinocytose“ zeigt eine gewisse Ähnlichkeit mit der Phagocytose, unterscheidet sich von dieser jedoch durch weit größeres Wahlvermögen für die aufzunehmenden Stoffe (Selektivität). Möglicherweise wird ein Teil der Fette durch Pinocytose resorbiert, doch ist diese Frage selbst für die Säugetiere noch umstritten. Die Spaltung der Triglyzeride durch die Darmesterasen verläuft nicht vollständig bis zur Stufe des freien Glyzerins; es entsteht vielmehr ein Gemisch, das neben freien Fettsäuren besonders Monoglyzeride sowie kleine Mengen von Di- und Triglvzeriden enthält. Einige Autoren nehmen an, daß die Glyzeride in Form feinster Tröpfchen in die Darmzellen gelangen; andere meinen, daß die einzelnen Fettsäure- und Monoglyzeridmoleküle durch Diffusion die Zellmembran passieren. Die resorbierten Fette gelangen in den zentralen Lymphraum der Darmzotten (Abb. 13), während Zucker und Aminosäuren durch das Blut abtransportiert werden. Vergleichend ist über die Fettresorption fast nichts bekannt.

Wo Stoffaustauschvorgänge stattfinden, ist oft die Oberfläche durch Faltung vergrößert. So ist die Wand des Dünndarms bei den Säugetieren in zahlreiche Falten gelegt (Kerkring'sche Falten) und mit Zotten besetzt (Abb. 13); die einzelnen Darmzellen tragen feinste Fortsätze, die Mikrovilli (Abb. 14). Durch diese Einrichtungen wird die resorbierende Darmoberfläche beim Menschen auf etwa 200 m^2 vergrößert. Als Vergrößerungen der resorbierenden Darmoberfläche sind auch die Darmaussackungen vieler Tiere, die dorsale Längsfalte im Darm der Regenwürmer (Typhlosolis, Abb. 9, S. 38) und die Spiralfalle im Darm der Haie zu verstehen. Die Vergrößerung der Zelloberfläche durch Mikrovilli (Stäbchensaum) ist weit verbreitet.

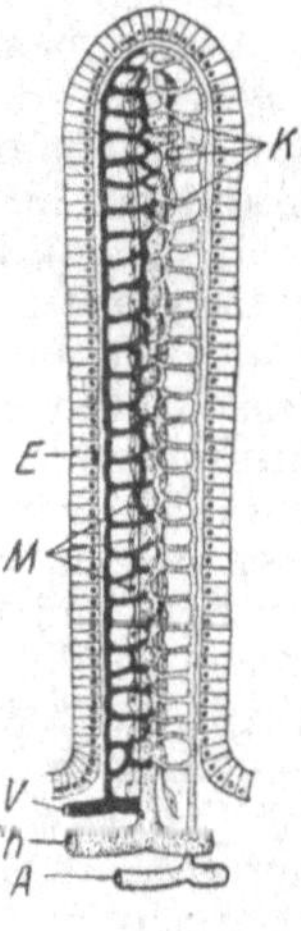

Abb. 13. Schema einer Darmzotte (nach Herter). A = Arterie, Ch = Lymphgefäß, E = Epithel, K = Kapillaren, M = Muskeln, V = Vene.

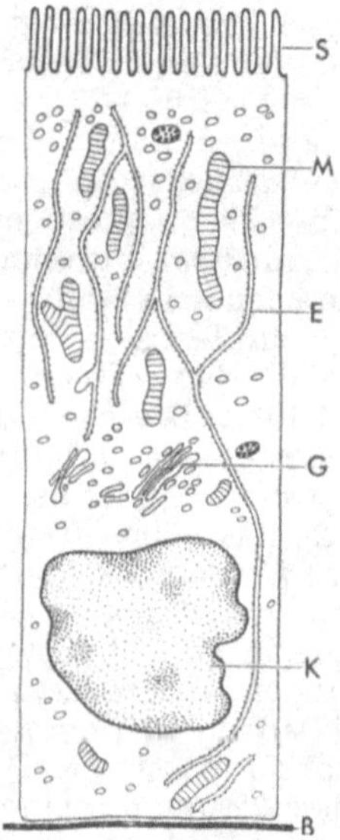

Abb. 14. Schema einer Dünndarmzelle (nach Bargmann, verändert). B = Basalmembran, E = endoplasmatisches Reticulum, G=Golgiapparat, K=Kern, M = Mitochondrium, S = Stäbchensaum (Mikrovilli).

Im allgemeinen ist die Resorption auf bestimmte Abschnitte des Darmtrakts beschränkt. So wird bei den Säugetieren der Hauptanteil der Nährstoffe von der Dünndarmwand aufgenommen, wenngleich ein gewisses Resorptionsvermögen auch der Mundhöhlenschleimhaut (z. B. für gewisse Pharmaka), dem Magen (z. B. für Alkohol) und dem Dickdarm (z. B. für Wasser und Salze) zukommt. Wo Mitteldarmdrüsen vorliegen, sind diese bevorzugter Ort der Resorption (Crustaceen, Gastropoden, manche Cephalopoden, Abb. 7, S. 36). Bei den Seesternen erfolgt die Resorption in den

Blindsäcken, die vom Magen in die Arme hineinragen (Abb. 15). Die Regenwürmer und Insekten resorbieren

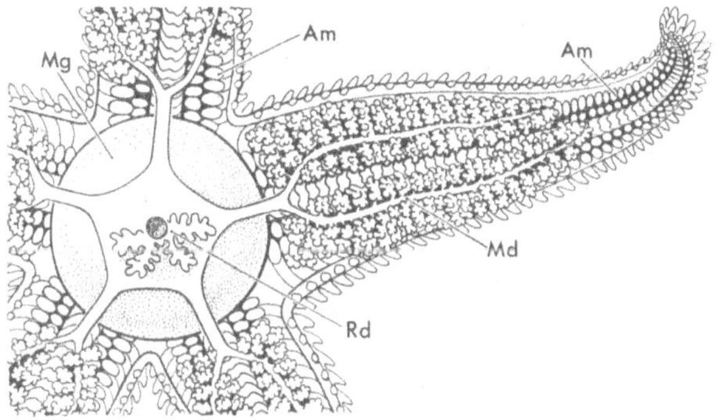

Abb. 15. Seestern *Asterias*, Oberseite und vier der fünf Arme entfernt (nach M a t t h e s). Am = Ampullen der Füßchen, Md = Magendivertikel, Mg = Magen, Rd = Rektaldivertikel.

vor allem im vorderen Teil des Mitteldarms. Schwierig zu entscheiden ist die Frage, ob die beiden Leistungen des Darmepithels, Sekretion von Verdauungsenzymen und Resorption, im Sinne einer Arbeitsteilung auf verschiedene Zelltypen verteilt sind. Für die Mitteldarmdrüsen mancher Mollusken, Krebse und Spinnentiere, das Entoderm einiger Coelenteraten und den Darm einiger Milben sind morphologisch unterschiedliche Sekretions- und Resorptionszellen beschrieben worden; bei den Wirbeltieren scheinen beide Tätigkeiten gleichzeitig, bei den Insekten in zeitlichem Nacheinander in ein und derselben Zelle stattzufinden.

7. *Der Ablauf der Verdauung*

Der Vielzahl der Prozesse, die an der Aufnahme der Nährstoffe in den Körper beteiligt sind (s. S. 33), entspricht bei fast allen Tieren eine Gliederung des

Darmtrakts in funktionell unterschiedliche Abschnitte, die in den meisten Fällen auch morphologisch deutlich wird. Der Anfangsteil des Darmtrakts dient der Aufnahme der Nahrung und gegebenenfalls der mechanischen Aufbereitung (Mundwerkzeuge, Kaumägen); es folgen die Orte der extrazellulären Verdauung, der Resorption bzw. Phagocytose; der letzte Darmabschnitt bereitet aus dem wasserreichen Darminhalt unter Wasserentzug den Kot (Faeces).

Bei den Nematoden, Anneliden, Tunicaten und vielen Insekten ist der Darm ein mehr oder weniger deutlich gegliedertes einfaches Rohr (Abb. 9, S. 38); bei anderen Tieren besitzt der Darm unverzweigte oder verzweigte, oft drüsenartig ausgebildete Blindsäcke. Diese sind oft bevorzugter Ort der Bildung von Verdauungsenzymen, der Resorption bzw. Phagocytose, wie die Darmblindsäcke mancher Anneliden und Insekten, die paarigen Leberschläuche des Wasserflohs *Daphnia;* die Magendivertikel der Seesterne (Abb. 15) und die Mitteldarmdrüsen der höheren Crustaceen, Spinnentiere und Mollusken (Abb. 7, S. 36). Der Blinddarm der Säugetiere ist eine Gärkammer (s. S. 54).

Verdauungsenzyme werden z. T. in der Darmwand selbst, z. T. in Anhangdrüsen des Darmtrakts gebildet, wie den Speicheldrüsen der Mollusken (Abb. 7, S. 36), Insekten und Wirbeltiere, den Maxillardrüsen der Spinnentiere oder dem Pankreas der Wirbeltiere. Die Leber der Wirbeltiere produziert zwar keine Verdauungsenzyme, ihr Sekret (Galle) ist jedoch durch den Gehalt an Gallensäuren ebenfalls an der Verdauung beteiligt (Emulgierung der Fette).

Der Transport der Nahrung durch den Darm erfolgt bei manchen Tieren durch Cilien (Muscheln, manche Turbellarien und Polychaeten), meist aber durch die Muskeln der Darmwand. Von vorn nach hinten über das Darmrohr laufende Kontraktionswellen (Peristaltik) schicken die Nahrung durch den Darm. Die hierdurch gleichzeitig bewirkte Durchmischung des Nahrungsbreis wird bei den Wirbeltieren noch durch Pendelbewegungen des Darmes und rhythmische Pumpbewegungen der Darmzotten unterstützt.

Bei den Onychophoren, vielen Arthropoden (Crustaceen, Milben, Tausendfüßlern und Insekten) und dem „Schleimaal" *Myxine* ist die Nahrung im Darm von einem feinen Häutchen (peritrophische Membran) umgeben. Enzyme und resorptionsfähige Nährstoffe müssen diese Membran passieren. Sie soll dem Schutz der zarten Darmzellen vor Verletzung durch grobe Nahrungspartikel dienen. Bei den meisten Tieren wird diese Schutzfunktion von Schleimabsonderungen übernommen.

Bei den Wirbeltieren durchläuft die Nahrung im Darmtrakt nacheinander mehrere Stationen, in deren jeder bei bestimmtem pH bestimmte Enzyme wirken. Bei den wirbellosen Tieren ist eine solche räumlich-zeitliche Ordnung der Verdauungsprozesse höchstens in den Anfängen vorhanden; meist wirken hier alle Enzyme gleichzeitig und unter gleichen Bedingungen.

Als Beispiel für das Nacheinander der Enzymwirkung bei den Wirbeltieren soll die Verdauung beim Menschen und einigen Säugetieren kurz geschildert werden: Die in der Mundhöhle des Menschen zerkleinerte und mit Speichel vermischte Nahrung wird schichtweise in den Magen gefüllt. Der Nahrungsbrei (Chymus) hat zunächst die schwach alkalische Reaktion des Speichels, und die Speichelamylase kann nahe ihrem pH-Optimum wirken, bis nach ½—1 Stunde die Durchsäuerung des Mageninhalts durch die Salzsäure des Magens vollendet ist. Nun können bei einem pH des Chymus von 2—3 die eiweißspaltenden Enzyme Pepsin und Kathepsin zu wirken beginnen. Nach einigen Stunden wird der Chymus schubweise in den Zwölffingerdarm abgegeben und hier durch die Sekrete von Darm und Pankreas wieder auf schwach alkalische Reaktion gebracht. Damit kommt die Tätigkeit der Magenenzyme zum Stillstand; die

Enzyme des Pankreas (Trypsin, Chymotrypsin, Carboxypeptidase, Lipase, Amylase, Maltase) und des Darmsafts (Aminopeptidase, Dipeptidasen, Maltase, Lactase) sowie die Galle bewirken während der Dünndarmpassage des Chymus die Endverdauung. Der Dünndarm ist auch der wichtigste Resorptionsort. Im Dickdarm wirken zunächst die Dünndarmenzyme fort; hier erfolgt die Eindickung des Chymus und die Bil-

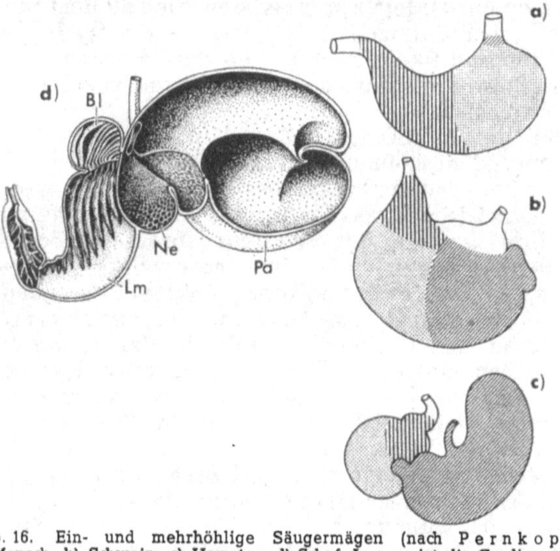

Abb. 16. Ein- und mehrhöhlige Säugermägen (nach Pernkopf): a) Mensch; b) Schwein; c) Hamster; d) Schaf. In a—c ist die Cardiaregion schräg schraffiert, die Fundusregion punktiert, die Pylorusregion senkrecht schraffiert. Bl = Blättermagen (Omasus), Lm = Labmagen (Abomasus), Ne = Netzmagen (Reticulum), Pa = Pansen (Rumen).

dung der Faeces. Schließlich findet im Dickdarm und Blinddarm die bakterielle Vergärung der Cellulose statt.

Stärke- und Eiweißverdauung folgen im Magen des Menschen zeitlich aufeinander. Im Magen des Schweins ist ein großer Cardiaabschnitt vorhanden (Abb. 16b), in dem weder Salzsäure noch Proteasen gebildet werden; erst wenn der Nahrungsbrei in den sekretorischen Fundusabschnitt gelangt, setzen die Durchsäuerung des Chymus und die Eiweißverdauung ein. Hier ist also bereits eine räumliche Trennung der Kohlenhydrat- und Eiweißverdauung im Magen verwirklicht. Noch deutlicher ist diese Trennung in den zweihöhligen Mägen von Hamster und Feldmaus, in deren erstem Abschnitt (Vormagen) nur die Kohlenhydratverdauung stattfindet, während die Sekretion von Salzsäure und eiweiß-spaltenden Enzymen erst im zweiten Abschnitt (Drüsenmagen) erfolgt (Abb. 16c). Noch komplizierter gebaute mehrhöhlige Mägen besitzen nicht nur die Wiederkäuer (Abb. 16d), sondern auch die Flußpferde, Faultiere, gewisse blätterfressende Affenarten u. a. Säugetiere. Bei allen diesen Formen gibt es geräumige Vormägen, in denen eine bakterielle Vergärung von Kohlenhydraten, insbesondere Cellulose, stattfindet.

Bei den Wiederkäuern gelangt die Nahrung zunächst in den Pansen; sie kann von hier zurück in die Mundhöhle gebracht und weiter zerkleinert werden. Die flüssigen und feinverteilten Nahrungsbestandteile werden zwischen Pansen und Netzmagen hin und her bewegt. Diese beiden Magenabschnitte enthalten neben einer reichen Bakterienflora spezifische tierische Symbionten aus der Gruppe der Ciliaten, von denen jedoch nur eine Art (*Diplodinium*) an der Zersetzung der Cellulose teilnimmt. Endprodukte der bakteriellen Kohlenhydratvergärung sind verschiedene flüchtige Fettsäuren (Essigsäure, Propionsäure, Buttersäure), die bereits im Pansen resorbiert werden und fast die Hälfte des Energiebedarfs der Wiederkäuer decken. In dem dritten Magenabschnitt, dem Psalter oder Blättermagen, wird ein großer Teil des Wassers resorbiert. Erst der letzte Magenabschnitt, der Labmagen, bildet Salzsäure und Pepsin; hier werden die Symbionten abgetötet und verdaut, das von ihnen gebildete Eiweiß dem Wirtsorganismus nutzbar gemacht. Bei den Pflanzenfressern mit einhöhligen Mägen, wie dem Pferd und Kaninchen, bilden der Dickdarm und Blinddarm große Gärkammern, in denen die Cellulose bakteriell zerlegt wird. Die entstehenden Fettsäuren werden vom Dickdarm rasch resorbiert; die auch hier von den Symbionten neu gebildeten Eiweißstoffe können jedoch nur noch teilweise genutzt werden.

III. Atmung und Gasabscheidung

a) Die physikalischen Grundlagen

1. Diffusion

Unter „Atmung" soll hier die Gesamtheit aller Vorgänge verstanden werden, durch die der Sauerstoff aus der Umgebung eines Tieres zu den einzelnen Zellen transportiert und das dort gebildete Kohlendioxyd wieder nach außen geschafft wird. Der wissenschaftliche Sprachgebrauch faßt den Begriff der Atmung oft weiter, als dies hier geschieht, etwa, wenn die Summe aller sauerstoffverbrauchenden oxydativen Prozesse als „Zellatmung" bezeichnet wird.

Definiert man die Atmung als reinen Transportvorgang, so ergibt sich sogleich die Frage nach den wirksamen Kräften bzw. Mechanismen des Transports. Bei vielen Tieren legen die Atemgase einen großen Teil ihres Weges in Bindung an strömende Körperflüssigkeiten zurück; dieses Phänomen wird in dem Kapitel „Stofftransport" ausführlicher behandelt. In allen ruhenden Medien beruht der Transport der Atemgase auf Diffusionsvorgängen, deren Erörterung den Inhalt des vorliegenden Kapitels bildet.

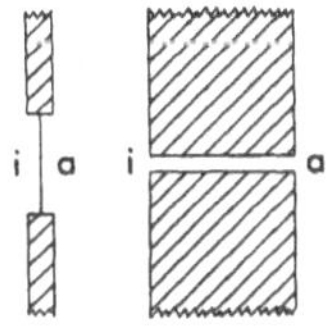

Abb. 17. Diffusion von Gasen aus dem Raum a in den Raum i durch eine Membran oder ein enges Rohr hindurch.

Die Diffusion von Gasen läßt sich durch das Fick'sche Diffusionsgesetz beschreiben (s. Abb. 17):

$$-\frac{Q}{t} = K \cdot F \cdot (P_a - P_i) \cdot \frac{1}{H} \qquad (7)$$

Darin ist — Q/t die pro Zeiteinheit von a nach i diffundierende Gasmenge [cm^3/min], F der Diffusionsquerschnitt [cm^2], z. B. in Abb. 17 der Querschnitt der Membran bzw. des Rohres, H die Diffusionsstrecke [cm], z. B. in Abb. 17 die Dicke der Membran bzw. die Länge des Rohres. P_a und P_i sind die Partialdrucke [Atm] des betrachteten Gases in a bzw. i. Der Partialdruck des Sauerstoffs in Luft bzw. luftgesättigtem Wasser beträgt 21 % einer Atmosphäre, d. h. 0,21 Atm = 160 Torr[1]. Die Konstante K [cm^2/Atm · min], die Kroghsche Diffusionskonstante, charakterisiert die Abhängigkeit der Diffusionsgeschwindigkeit von der Natur des Gases und von dem Medium, in dem die Diffusion stattfindet (Tab. 3). Die Verwendung des Partialdruckgefälles $P_a - P_i$ anstelle des in der Physik gebräuch-

Tab. 3

Diffusionskoeffizienten für Sauerstoff und Kohlendioxyd in verschiedenen Medien bei + 20 °:

Medium	K_{O_2}	K_{CO_2}
Luft	11	10
Wasser	$3{,}7 \cdot 10^{-5}$	ca. 20—30mal größer als K_{O_2}
Eiweißlösung 7 %	$3{,}0 \cdot 10^{-5}$	
Muskel	$1{,}4 \cdot 10^{-5}$	
Bindegewebe	$1{,}2 \cdot 10^{-5}$	

[1] 1 Torr. = 1 mm Quecksilbersäule = 1/760 Atm.

lichen Konzentrationsgradienten $C_a - C_i$ hat den Vorteil, daß Gleichung (7) für alle möglichen Diffusionsmedien, wie Luft, Wasser und Gewebe verwendet werden kann. In Luft und luftgesättigtem Wasser bzw. Gewebe stimmen zwar die Partialdrucke, nicht aber die Gaskonzentrationen überein.

Mit Hilfe der Diffusionsgesetze ist es möglich, die Bedingungen der Diffusion für einfach gestaltete Tierkörper zu berechnen:

$$\text{Kugel: } P_a - P_i = \frac{r^2 \cdot A}{6 \cdot K} \quad (8a)$$

$$\text{Zylinder: } P_a - P_i = \frac{r^2 \cdot A}{4 \cdot K} \quad (8b)$$

$$\text{blattförmiger Körper: } P_a - P_i = \frac{d^2 \cdot A}{8 \cdot K} \quad (8c)$$

Hierin ist A der Sauerstoffverbrauch des Tieres [$cm^3 O_2/cm^3$ Tier · min], r der Radius von Kugel bzw. Zylinder [cm], d die Dicke des blattförmigen Körpers [cm]. Angenommen ein Tier ohne inneren Kreislauf verbrauche 60 ml O_2/kg · h (vergl. Tab. 1, S. 23), d. h. etwa 10^{-3} cm^3 O_2/cm^3 Tier · min, und in seiner Umgebung herrsche der Sauerstoffpartialdruck $P_a = 0{,}21$ Atm. Welche Größe darf dieses Tier haben, damit der Sauerstoffpartialdruck in seinem Körperinnern an keiner Stelle den Wert $P_i = 0{,}01$ Atm unterschreitet? Aus den Gleichungen (8a—c) läßt sich leicht berechnen, daß unter diesen Bedingungen der Radius kugelförmiger oder zylindrischer Tiere bzw. die Dicke blattförmiger Tiere nicht größer als etwa 1 mm sein dürfen. Wird der Sauerstoff durch die undifferenzierte Körperoberfläche aufgenommen und nur durch Diffusion verteilt, so ist die Körpergröße sehr begrenzt.

Günstiger liegen die Verhältnisse, wenn der Sauerstofftransport nur in einer dünnen Haut der Dicke h

durch Diffusion, im übrigen aber durch Strömung von Körperflüssigkeiten bewirkt wird. Es gilt dann für ein kugelförmiges Tier die Formel

$$\text{Hohlkugel: } P_a - P_i = \frac{r \cdot h \cdot A}{3 \cdot K} \qquad (9)$$

Unter den obengenannten Bedingungen dürfte bei $h = 10^{-3}$ cm $= 10\,\mu$ der Radius des Tieres bis zu 8,4 cm betragen. Vorhandensein eines Blutkreislaufes ermöglicht also aufgrund besserer O_2-Versorgung größere Körperdimensionen.

Bei noch größeren Tieren oder solchen mit lebhafterem Stoffwechsel reicht die Körperoberfläche für den Gasaustausch nicht mehr aus; es sind hier spezifische Atmungsorgane mit vergrößerter Austauschoberfläche erforderlich.

Die Bedingungen des Gasaustauschs werden durch Gleichung (7) vollständig beschrieben. Atmungsorgane müssen dünnwandig sein (H klein) und eine möglichst große Oberfläche besitzen (F groß). In einer Anordnung nach Abb. 17 würde infolge des Gasaustausches der Sauerstoffpartialdruck P_a allmählich sinken, P_i ansteigen und die Diffusion schließlich zum Stillstand kommen, wenn nicht Strömungen in *a* ständig Sauerstoff an die Membran heranführen, solche in *i* ihn wegtransportieren würden. Die Mechanismen, die neues Atemmedium an die respiratorischen Oberflächen heranführen und so das Absinken von P_a verhindern, die Mechanismen der „Ventilation", bilden ein Hauptthema der Atmungsphysiologie. Die Bewegung der Körperflüssigkeiten wird im Kapitel „Stofftransport" behandelt.

2. *Wasser und Luft als Atemmedien*

Nach Gleichung (7) stimmen die Diffusionsbedingungen in beiden Medien überein; luftgesättigtes

Wasser hat den gleichen O_2-Partialdruck von 160 Torr wie die Luft und ist dieser insofern als Atemmedium nicht prinzipiell unterlegen. Während jedoch die Luft praktisch überall auf der Erde die gleiche Zusammensetzung zeigt, steht das Wasser vielerorts nicht mit der Luft im Gleichgewicht. Auf hoher See, in rasch fließenden Gewässern und nahe der Oberfläche stehender Gewässer ist das Wasser luftgesättigt. In der Gezeitenzone des Meeresstrandes, in tieferen Schichten stehender Süßwasseransammlungen und in Sümpfen kann das Wasser sehr sauerstoffarm sein; gleichzeitig erreicht der Kohlendioxydgehalt hier oft hohe Werte. An solchen Orten lebende Tiere sind auf verschiedene Weise an die ungünstigen Atmungsbedingungen angepaßt, z. B. durch die Eigenschaften ihrer Blutfarbstoffe oder die Fähigkeit zur Anoxybiose.

Ein wesentlicher Unterschied zwischen den Atemmedien besteht in deren Sauerstoffgehalt; dieser beträgt in Luft 21, in luftgesättigtem Wasser nur etwa 0,5 Vol %. Während die Diffusionsbedingungen in beiden Medien übereinstimmen, sind also die Bedingungen der Ventilation sehr verschieden. Um durch Ventilation einen cm^3 O_2 an eine respiratorische Oberfläche heranzubringen, müssen nur 5 cm^3 Luft mit einer Masse von 6,5 mg, aber 2000 g Wasser bewegt werden.

Bei der Betrachtung des Kohlendioxydtransports schneidet das Wasser infolge der hohen Löslichkeit des CO_2 sehr viel günstiger ab. Bei einem Partialdruck von jeweils 1 Atm lösen sich in einem Liter reinen Wassers von $+ 20°$ nur 31 cm^3 O_2 (Bunsen'scher Absorptionskoeffizient $\alpha = 0{,}031$), aber 878 cm^3 CO_2 ($\alpha = 0{,}878$). Würde von einem Tier der gesamte Sauerstoff einer Luftprobe verbraucht und die entsprechende Mengen Kohlendioxyd ausgeatmet, so müßte der CO_2-Partialdruck den unbiologisch hohen Wert von 160 Torr erreichen; wird der gesamte Sauerstoff einer luftgesättigten Wasserprobe durch Kohlendioxyd ersetzt, so steigt der CO_2-Partialdruck nur um 6 Torr.

Zarthäutige, große Oberflächen, die in Kontakt mit atmosphärischer Luft stehen, geben ständig durch Verdunstung Wasser ab; die Gefahr der Austrocknung besteht selbstverständlich nur für Luftatmer.

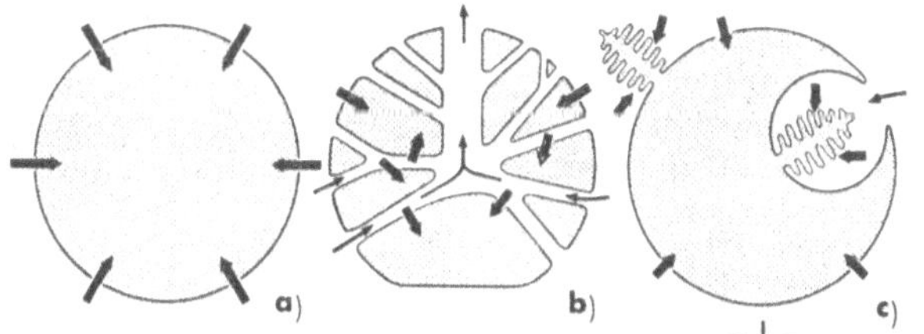

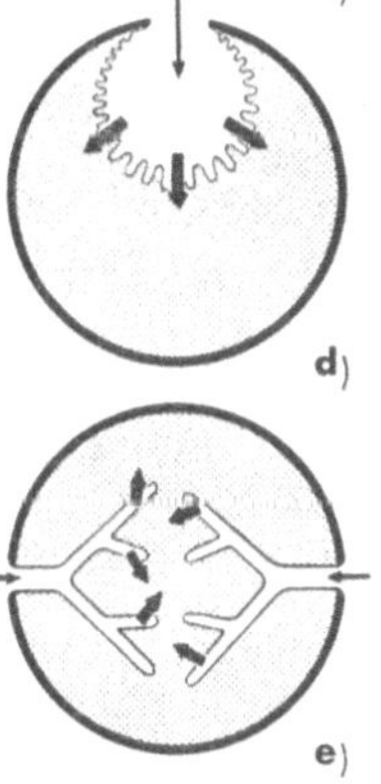

Abb. 18. Typen respiratorischer Oberflächen: a) Atmung durch die Körperoberfläche (Kreislauf fehlend oder vorhanden); b) Kanalsysteme im Körper der Schwämme verkürzen die Diffusionswege; c) Kiemen, links freiliegend, rechts in Kiemenhöhle (stets Kreislauf vorhanden); d) Lungen (stets Kreislauf vorhanden); e) Tracheen sind Orte des Gasaustauschs und Transportwege der Atemgase zugleich. Dünne Pfeile = Bewegung des Atemmediums (Ventilation); dicke Pfeile = Diffusion des Sauerstoffs.

Zusammenfassend kann man sagen, daß für Wasseratmer die Beschaffung des Sauerstoffs, für luftatmende Tiere die Beseitigung des Kohlendioxyds und die Verminderung der Wasserverluste die Hauptprobleme der Atmung sind.

b) Typen respiratorischer Oberflächen

Die Atmungseinrichtungen der Tiere sind von großer Mannigfaltigkeit, lassen sich aber zwanglos auf eine geringe Zahl von Grundtypen zurückführen (Abb. 18):

Im einfachsten Falle geht der Gasaustausch durch die mehr oder weniger undifferenzierte Körperoberfläche hindurch vonstatten; der Gastransport im Körperinnern kann dann durch Diffusion oder in strömenden Körperflüssigkeiten erfolgen. Gasaustausch durch die gesamte Oberfläche und Gastransport durch Diffusion findet man z. B. in allen Protozoen, bei Eiern und Embryonen, bei den Larven vieler Meerestiere und bei den Plathelminthen. Die Nemathelminthen, die meisten Anneliden, die meisten entomostracen Krebse und viele Milben besitzen ebenfalls keine differenzierten Atmungsorgane, wohl aber Körperflüssigkeiten, die an dem Gastransport beteiligt sind.

Gasaustausch durch Diffusion findet nach Formel (7) überall dort in nennenswertem Umfang statt, wo an einer dünnen, gasdurchlässigen Membran ein Partialdruckgefälle besteht. Gasaustausch durch die Haut kommt als „accessorische Hautatmung" also auch bei Tieren vor, die über wohl ausgebildete Atmungsorgane verfügen, z. B. bei den Mollusken, manchen Fischen und den Amphibien. Bei unseren Fröschen entfallen im Sommer etwa $^1/_3$ der O_2-Aufnahme und $^2/_3$ der CO_2-Abgabe auf die Haut; die im Winter im Schlamm vergrabenen Tiere sind sogar ganz auf Hautatmung angewiesen. Der Aal atmet bei seinen Wanderungen über Land nur durch die Haut. Bei den Arthropoden, den Reptilien, Vögeln und Säugern, deren Körperbedeckung schlecht gasdurchlässig ist, spielt dagegen die Hautatmung keine Rolle.

Der Körper der Schwämme wird von einem wassergefüllten Kanalsystem durchzogen, dessen Inhalt im Zuge der Nahrungsaufnahme in rasche Strömung versetzt wird (Abb. 18b). Hierdurch werden die Diffusionswege verkürzt und die respiratorischen inneren Oberflächen ventiliert. Ähnliches gilt auch für die Kanalsysteme im Schirm der großen Scyphomedusen.

Vergrößerung der respiratorischen Oberfläche kann durch Aus- und Einstülpung erreicht werden, wie bei den K i e m e n oder L u n g e n. Zartwandige Körperausstülpungen sind in besonderem Maße der mechanischen Beschädigung und dem Angriff von Feinden ausgesetzt; sie sind daher oft geschützt im Inneren von Kiemenhöhlen untergebracht (Abb. 18c). Da diese Organe an der Luft durch Verkleben und Austrocknen rasch unbrauchbar würden, sind sie auf Wasserbewohner beschränkt. Während bei freiliegenden Kiemen die Erneuerung des Atemmediums leicht durch Wasserströmungen oder Ortsbewegung des Tieres zustandekommen kann, bedürfen in Kiemenhöhlen liegende Kiemen besonderer Ventilationseinrichtungen. Da alle diese Atmungsorgane an bestimmten Stellen des Körper lokalisiert sind, setzen sie einen Gastransport durch strömende Körperflüssigkeiten voraus. Eine Ausnahme hiervon bilden nur die Tracheenkiemen (s. S. 77).

Durch Ausstülpung vergrößerte respiratorische Oberflächen finden wir nicht nur bei den Kiemen der Crustaceen, Mollusken und Chordaten, gewisser Anneliden und Insektenlarven. So erfüllen etwa die Füßchen der Seeigel alle physikalischen Bedingungen für einen wirksamen Gasaustausch und dürften für die Atmung von mindestens ebenso großer Bedeutung sein, wie die fünf Paar verzweigter Kiemen auf dem Mundfeld dieser Tiere. Ähnliche Überlegungen gelten auch für Tentakel und andere zartwandige und reichdurchblutete Körperfortsätze.

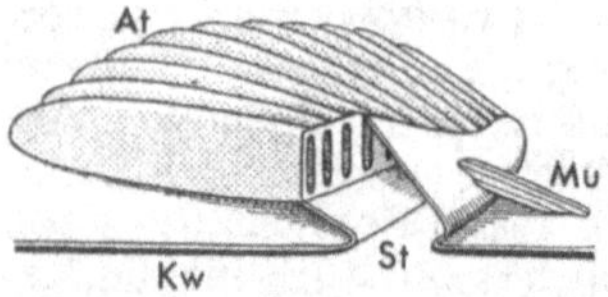

Abb. 19. Fächerlunge (nach Kaestner aus Wurmbach). At = Atemtaschen, Kw = ventrale Körperwand, Mu = Muskel (Erweiterer des Vorhofs), St = Stigmenschlitz.

Unter den durch Einstülpung vergrößerten respiratorischen Oberflächen sind in erster Linie Luftatmungsorgane zu nennen: die Lungen der terrestrischen Wirbeltiere und der Lungenschnecken (Pulmonaten) (Abb. 7, S. 36), die Fächerlungen der Spinnentiere (Abb. 19) und die Atmungsorgane in Hinterextremi-

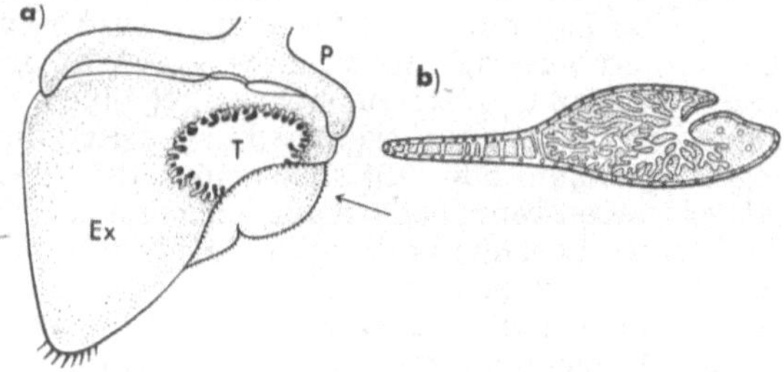

Abb. 20. Atmungsorgan der Kellerassel *Porcellio* (nach Unwin aus Kaestner): a) 2. Pleopodit der rechten Seite von hinten gesehen. Ex = Exopodit, P = Propodit, T = Tracheenlunge. Der Endopodit, der hinter dem Exopoditen liegt, ist entfernt. b) Querschnitt durch den Exopoditen in Richtung des Pfeiles in Abb. 20a.

täten (Pleopoden) der Landasseln (Abb. 20). Bei den Seewalzen (Holothurien) gibt es jedoch echte „Wasserlungen“: verzweigte, in die Leibeshöhle hineinragende, paarige Ausstülpungen der Kloake, die von dieser her rhythmisch gefüllt und entleert werden (Abb. 21). Schließlich gehören hierher auch jene Fälle, in denen der Gasaustausch durch die Darmwand hindurch erfolgt. Bei dem Echiuriden *Urechis* und den

Larven von *Aeschna* und anderen anisopteren Libellen wird der Enddarm rhythmisch mit Atemwasser gefüllt und entleert. Unter den Fischen gibt es viele Arten, die mit Hilfe besonderer Differenzierungen des Darmtrakts den Sauerstoff der atmosphärischen Luft ausnutzen (s. S. 74). Auch die Mundhöhlenatmung der Amphibien, deren Bedeutung allerdings umstritten ist, wäre hier zu erwähnen.

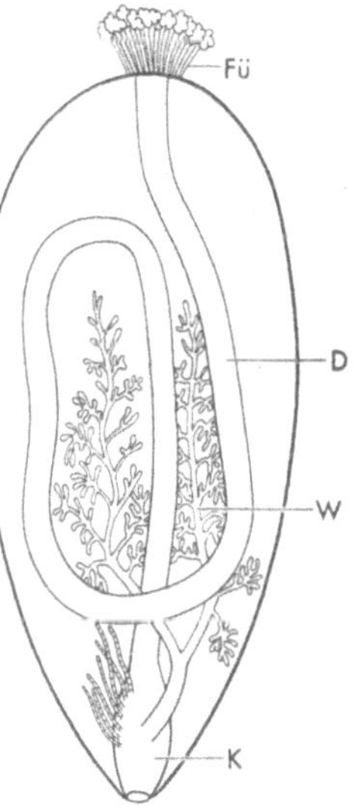

Abb. 21. Anatomie einer Holothurie, schematisch (nach Matthes, verändert). D = Darm, Fü = Fühler (Tentakel), K = Kloake, W = Wasserlunge.

Bei Wasseratmungsorganen ist stets Erneuerung des Atemmediums durch Ventilation erforderlich. Da jedoch die Diffusionskoeffizienten der Atemgase in Luft sehr viel größer sind als in Wasser (s. Tab. 3), genügt bei vielen Luftatmungsorganen die Diffusion, um Sauerstoff zu den respiratorischen Oberflächen heran- und Kohlendioxyd von diesen wegzuschaffen („Diffusionslungen"). Obgleich bei den pulmonaten Schnecken rhythmische Bewegungen des Lungenbodens vorkommen und bei manchen Fächerlungen Muskeln bekannt geworden sind, dürfte doch hier wie bei den Atmungsorganen der Landasseln die Diffusion der wesentliche Mechanismus der Erneuerung des Atemmediums an den respiratorischen Oberflächen sein. Die Wirbeltierlungen werden dagegen stets ventiliert („Ventilationslungen").

Eine Sonderstellung unter den Atmungsorganen nehmen die Röhrentracheen der Protracheaten (Onychophoren) und Tracheaten (Insekten und „Tausendfüßler") ein. Diese beginnen mit Öffnungen auf der Körperoberfläche (Stigmen), verzweigen sich zu den einzelnen Organen hin und enden in sehr dünnwandigen Endverzweigungen, den Tracheolen, die mit den Körperzellen in unmittelbaren Kontakt treten und die Orte des Gasaustauschs darstellen. Im einfachsten Falle stehen die von den einzelnen Stigmen ausgehenden Tracheenbüschel nicht in Verbindung miteinander, z. B. bei den Onychophoren, den Raupen der Schmetterlinge und den Diplopoden. Bei vielen Chilopoden und allen adulten Insekten entstehen durch Längs- und Querverbindungen komplizierte Tracheensysteme.

Durch ihre reiche Verzweigung sind die Tracheen nicht nur Atmungsorgane im eigentlichen Sinne, d. h. Stellen des Gasaustauschs, sondern zugleich Einrichtungen zur Verteilung der Atemgase im Körper. Dementsprechend spielt das Blut hier für den Transport von Sauerstoff und Kohlendioxyd eine ganz untergeordnete Rolle. Der primäre Transportmechanismus für Sauerstoff und Kohlendioxyd in den Tracheen ist die Diffusion. Für die Raupe des Weidenbohrers *Cossus* wurde nach Formel (7) berechnet, daß eine Differenz der Sauerstoff-Partialdrucke zwischen Außenluft und Tracheoleninhalt ($P_a - P_i$) von nur 11 Torr ausreicht, um den Sauerstoffbedarf des Tieres durch Diffusion zu decken. Daß die durch Diffusion transportierte Sauerstoffmenge auch von der Diffusionsstrecke H abhängt, ist einer der Faktoren, welche die erreichbare Körpergröße der Insekten nach oben begrenzen. Bei vielen adulten Insekten werden die größeren Tracheenstämme ventiliert, der Gastransport in den feineren Verzweigungen erfolgt jedoch auch hier durch Diffusion.

c) Ventilation

Wo der Gasaustausch durch die Haut oder durch freiliegende Kiemen erfolgt, bietet die Erneuerung des Atemmediums an den respiratorischen Oberflächen keine Schwierigkeiten. Natürliche Wasser- oder Luftströmungen bewirken ebenso eine Ventilation wie Bewegungen des Tieres in seinem Medium. Bei vielen Crustaceen z. B. liegen die Kiemen an den Schwimmextremitäten selbst (Isopoden, Stomatopoden) oder in dem von diesen erzeugten Wasserstrom (Amphipoden). Bei vielen Hirudineen und Polychaeten beobachtet man speziell der Ventilation dienende Atembewegungen, die deutliche Verwandtschaft zu den normalen Lokomotionsbewegungen zeigen.

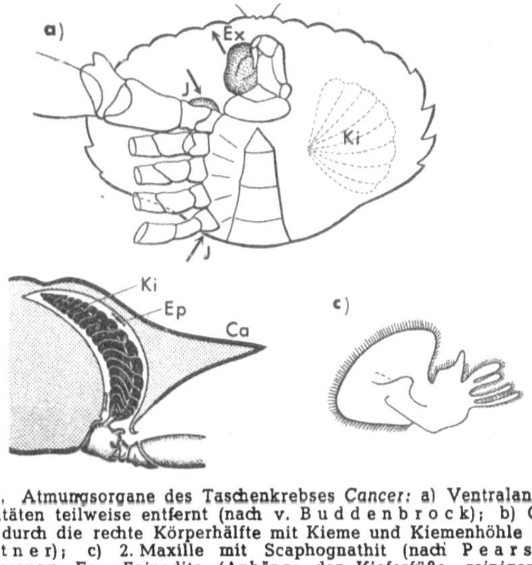

Abb. 22. Atmungsorgane des Taschenkrebses *Cancer:* a) Ventralansicht, Extremitäten teilweise entfernt (nach v. Buddenbrock); b) Querschnitt durch die rechte Körperhälfte mit Kieme und Kiemenhöhle (nach Kaestner); c) 2. Maxille mit Scaphognathit (nach Pearson). Ca = Carapax, Ep = Epipodite (Anhänge der Kieferfüße, reinigen die Kiemen), Ex = Ausströmöffnung, J = Einströmöffnungen, Ki = Kiemen.

Bei den in Kiemenhöhlen liegenden Kiemen sind stets besondere Ventilationseinrichtungen erforderlich. Kiemen und Mantelhöhle der Schnecken tragen eine Bewimperung, die für den Wasserwechsel in der Kiemenhöhle sorgt. Ebenso kommt die Wasserströmung bei den Muscheln zustande, die zugleich der Filtration und Atmung dient. Bei den Cephalopoden ist die Wand der Mantelhöhle stark muskulös. Das am Mantelrand in die Mantelhöhle eingetretene Wasser wird durch Kontraktion der Mantelmuskulatur aus dem Trichter wieder ausgestoßen; der Rückstoß des Atemwassers dient zugleich der Lokomotion. Bei den decapoden Krebsen sitzen die Kiemen an den Vorderextremitäten (Pereiopoden) und sind von zwei seitlichen Hautfalten (Carapax) bedeckt (Abb. 22b). Bei den Garnelen ist die Kiemenhöhle ventral und hinten weit offen; der von den Schwimmextremitäten (Pleopoden) erzeugte Wasserstrom reicht zu ihrer Ventilation aus. Bei den Macruren sind diese Öffnungen spaltförmig verengt, bei den Brachyuren ist die Kiemenhöhle sogar bis auf ventral liegende Einströmöffnungen und die vorn liegende Ausströmöffnung vollständig verschlossen (Abb. 22a). Die Ventilation der Kiemenhöhle erfolgt bei Macruren und Brachyuren durch die Bewegungen eines blattförmigen Anhangs der 2. Maxille, des Scaphognathiten (Abb. 22c).

Die Ventilation der Fischkiemen beruht auf dem Zusammenwirken zweier Pumpmechanismen, einer Druck- und einer Saugpumpe (Abb. 23). Erweiterung der Mundhöhle bei geöffnetem Maul läßt das Atemwasser in die Mundhöhle eintreten; die Mundöffnung wird dann druckdicht verschlossen; durch Verengerung der Mundhöhle entsteht ein Überdruck, der Wasser an den Kiemen vorbei nach außen drückt. Bei den Knochenfischen (Teleostei) bildet der Raum zwischen Kiemendeckel und Kiemen die Saugpumpe. Auswärtsbewegung des Kiemendeckels führt zur Ausbil-

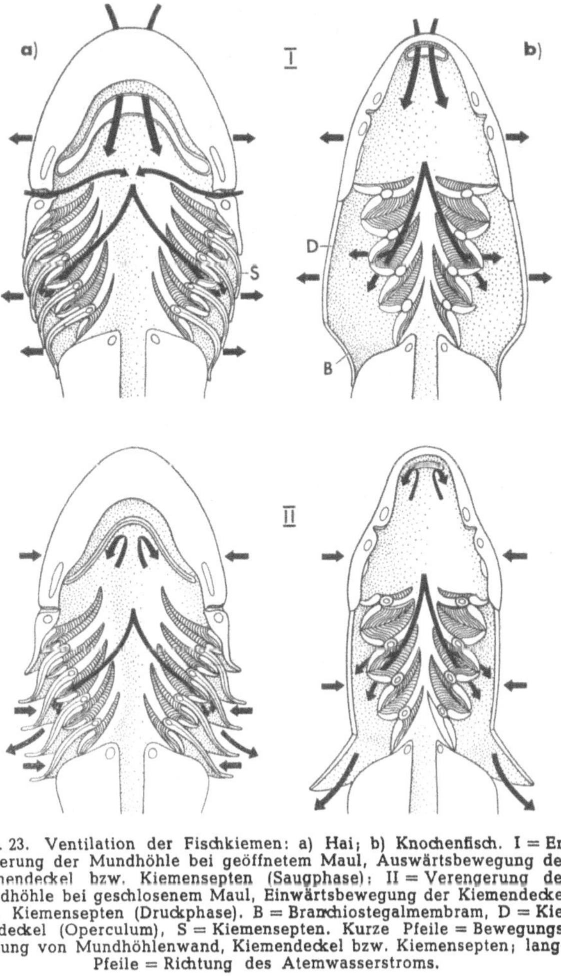

Abb. 23. Ventilation der Fischkiemen: a) Hai; b) Knochenfisch. I = Erweiterung der Mundhöhle bei geöffnetem Maul, Auswärtsbewegung der Kiemendeckel bzw. Kiemensepten (Saugphase); II = Verengerung der Mundhöhle bei geschlosenem Maul, Einwärtsbewegung der Kiemendeckel bzw. Kiemensepten (Druckphase). B = Branchiostegalmembram, D = Kiemendeckel (Operculum), S = Kiemensepten. Kurze Pfeile = Bewegungsrichtung von Mundhöhlenwand, Kiemendeckel bzw. Kiemensepten; lange Pfeile = Richtung des Atemwasserstroms.

dung eines Unterdrucks in diesem Raum, da die am freien Rand des Kiemendeckels ansetzende Branchiostegalmembran an der Körperwand entlang gleitend einen dichten Abschluß bewirkt. Somit wird Wasser aus der Mundhöhle in den äußeren Kiemenraum gesaugt. Während der Einwärtsbewegung des Kiemendeckels hebt sich die Branchiostegalmembran von der Körperwand ab und läßt das Atemwasser nach außen abströmen. Die Saugpumpe der Haie und Rochen (Elasmobranchei) funktioniert ganz ähnlich, nur treten hier an die Stelle des Kiemendeckels und der Branchiostegalmembran die verlängerten Kiemensepten. Druck- und Saugpumpe wirken alternierend, so daß fast während des gesamten Atemcyclus eine Druckdifferenz zwischen Mundhöhle und Kiemenraum besteht, die Wasser an den Kiemen vorbei nach außen strömen läßt.

Die Lungen der A m p h i b i e n werden durch einen Druckmechanismus gefüllt; bei den Reptilien, Vögeln und Säugetieren dagegen beruht die Einatmung (Inspiration) auf der Wirkung von Saugmechanismen. Bei unseren einheimischen Fröschen verläuft der Atemcyclus in folgenden Phasen: Die Nasenöffnungen sind offen, der Lungeneingang (Glottis) verschlossen; rhythmische Bewegungen des Mundhöhlenbodens (Kehloszillationen) bewirken Erneuerung der Luft in der Mundhöhle Abb. $24_{1\text{-}2}$). Ob hierbei ein nennenswerter Gasaustausch durch die Mundhöhlenschleimhaut stattfindet, ist umstritten. Die Nase wird verschlossen, die Glottis geöffnet; Kontraktion der Bauchmuskulatur preßt Luft aus den Lungen in die Mundhöhle, wo sie sich mit frischer Atemluft vermischt (Abb. 24_3). Das Luftgemisch in der Mundhöhle wird durch Heben des Mundhöhlenbodens in die Lunge gedrückt (Abb. 24_4). Phase 3 und 4 können mehrfach wiederholt werden. Anschließend beginnt nach Verschluß der Glottis und Öffnung der Nase der Cyclus erneut (Abb. 24_5). Ähnliche Druckmechanismen der Ventilation liegen bei den Lungenfischen vor.

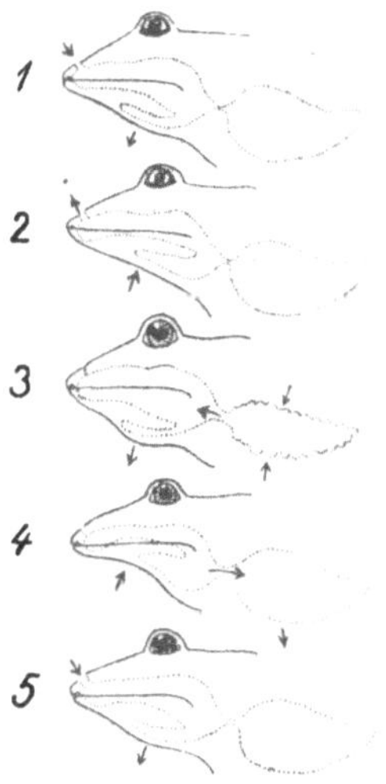

Abb. 24. Ventilation von Mundhöhle und Lunge bei *Rana* (Frosch) (nach Herter). Erklärung im Text.

Auch bei den Reptilien ist die Mundhöhlen-Druckpumpe in einigen Gruppen noch vorhanden, hat hier jedoch zuweilen Sonderfunktionen übernommen (Aufblähen des Chamaeleons). Von weit größerer Bedeutung für die Ventilation der Reptilienlunge ist jedoch die thoracale Saugpumpe, die auch den einzigen Ventilationsmechanismus der Vögel und Säugetiere darstellt. Die Mechanik der Atmung bei den Reptilien, Vögeln und Säugetieren ist recht verwickelt und mannigfaltig. Die inspiratorische Erweiterung des Brustraumes kommt vor allem durch die Tätigkeit der äußeren Rippenmuskeln zustande; bei den Säugetieren ist auch das Zwerchfell beteiligt. Die Ausatmung (Exspiration) ist überwiegend passiv und beruht auf Elastizität der Lungen und des Brustkorbes. Aktive Exspiration wird durch die Tätigkeit der inneren Rippenmuskeln und der Bauchmuskeln erreicht. Bei den Reptilien dürfte die hier besonders kräftige, glatte Muskulatur der Lungenwand ebenfalls exspiratorisch tätig sein. Sehr eigentümlich ist die Atemmechanik der Schildkröten, deren Rippen ja fest mit dem Rückenpanzer verwachsen sind. Hier sind Bewegungen des Schulter- und Beckengürtels sowie gewisse Bauchmuskeln für die Ventilation der Lungen verantwortlich. Auch bei den fliegenden Vögeln sind Lokomotion und Ventilation gekoppelt; die

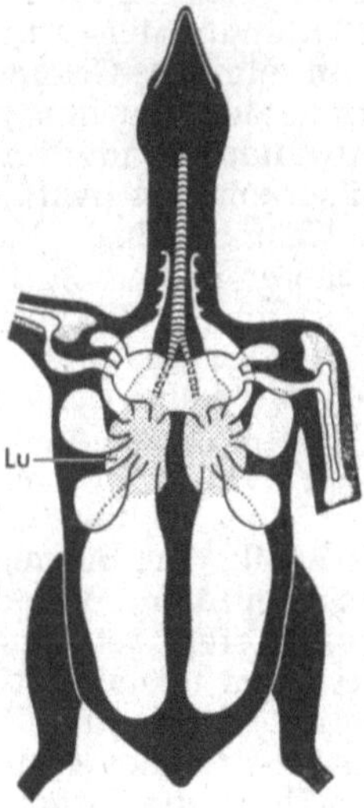

Abb. 25. Lungen und Luftsäcke eines Vogels (nach Jakobs). Lu = Lungen, Luftsäcke weiß gelassen.

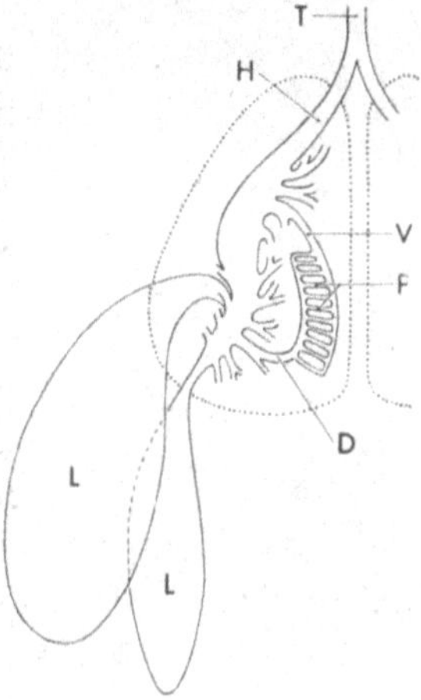

Abb. 26. Luftwege der Vogellunge (nach Hazelhoff aus Sturkie). D = Dorsobronchi, H = Hauptbronchus, L = Luftsäcke, P = Parabronchi, T = Trachea, V = Ventrobronchi.

Flugbewegungen bewirken rhythmisches Heben und Senken des Brustbeins und damit Verengung und Erweiterung des Brustkorbes.

Die Atmungsorgane der Vögel weichen in Bau und Funktion von denen der übrigen Wirbeltiere erheblich ab. Die Lungen selbst sind relativ klein und kompakt, sind jedoch mit voluminösen Luftsäcken verbunden (Abb. 25). Da bei der Inspiration die Luft durch die Lungen hindurch in die Luftsäcke strömt, beruht bei den Vögeln, im Gegensatz zu den anderen

Wirbeltieren, die Ventilation nicht auf rhythmischer Füllung und Entleerung, sondern auf Durchströmung der Lungen. Die Lungen enthalten ein kompliziertes System von Luftkanälen (Bronchi, Abb. 26). Die Luft-

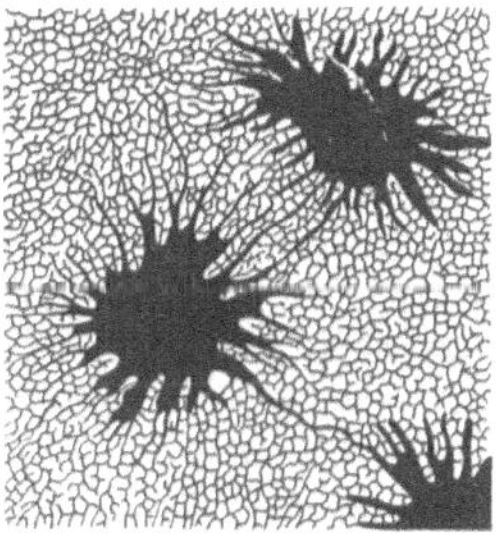

Abb. 27. Teil eines Querschnitts durch eine Vogellunge (nach Zeuthen). Parabronchi und die von diesen ausgehenden verzweigten Luftkapillaren schwarz; die zwischen den Luftkapillaren liegenden Blutkapillaren sind nicht eingezeichnet.

röhre (Trachea) gabelt sich in die beiden Hauptbronchi, deren jeder eine Lunge durchzieht und in dem großen abdominalen Luftsack endet. Von den Hauptbronchi entspringen zwei Gruppen von sekundären Bronchi (dorsale und ventrale), die durch eine große Zahl feiner Parabronchi miteinander verbunden sind. Diese Parabronchi tragen einen dichten Besatz blind endender Luftkapillaren, durch deren Wandung der Gasaustausch stattfindet (Abb. 27). Bei der Ventilation werden die Parabronchi von Luft durchströmt; den letzten Teil des Weges in die Luftkapillaren hinein legen die Sauerstoffmoleküle durch Diffusion zurück. Es ist umstritten, ob die Durchströmung der Parabronchi nur bei der Inspiration oder in beiden Phasen des Ventilationscyclus erfolgt; überhaupt ist unbekannt, wie die Luftströmung in dem komplizierten System der Bronchi gelenkt wird.

Die Säugetiere wechseln bei jedem normalen Atemzug nur einen kleinen Teil der Lungenluft, beim Menschen etwa 500 von insgesamt 4500—5000 ml. Daher ist die Zusammensetzung der Lungenluft zu jedem Zeitpunkt des Atemcyclus etwa konstant; beim Menschen beträgt der Partialdruck des O_2 in den Alveolen etwa 100, der des CO_2 etwa 40 Torr.

Viele adulte Insekten ventilieren die größeren Tracheenstämme, indem sie durch Abflachbewegungen (z. B. Heuschrecken) oder Teleskopbewegungen (z. B. Hymenopteren, Dipteren) des Abdomens Tracheen oder Luftsäcke komprimieren. Koordination der Atembewegungen mit Schließbewegungen der Stigmen läßt sogar gerichtete Luftströmungen im Tracheensystem entstehen. So sind bei der Wanderheuschrecke *Schistocerca gregaria* während der Inspiration nur die vorderen Stigmen 1, 2 und 4, während der Exspiration nur die hinteren Stigmen 5—10 geöffnet; es resultiert eine von vorn nach hinten gerichtete Luftströmung im Tracheensystem. Im Fluge werden im Thorax liegende Tracheen durch die Tätigkeit der Flugmuskeln selbst ventiliert.

d) Steuerung der Atmung

Wo rhythmische Atembewegungen vorliegen, ergeben sich zwei Fragen: (1.) Wie entsteht die Rhythmik der Bewegungen? (2.) Durch welche Mechanismen wird die Ventilation dem Bedarf angepaßt?

Beide Fragen können nur für die Wirbeltiere genauer beantwortet werden. Hier werden die Atembewegungen von einem Zentrum im hintersten Hirnabschnitt, der Medulla oblongata, gesteuert. Das Atemzentrum hat selbst die Fähigkeit zur rhythmischen Erregungsbildung, besonders deutlich bei den Fischen. Bei den höheren Wirbeltieren beruht die Atemrhythmik vor allem darauf, daß hemmende Einflüsse von der Peripherie und von höheren Hirnzentren auf das Atemzentrum wirken, sobald die Inspiration ausgelöst ist.

Die Anpassung der Atmung an den Bedarf (Ventilationsregulation) kommt dadurch zustande, daß Erhöhung des CO_2-Partialdrucks oder Verminderung des O_2-Partialdrucks im Blut eine Ventilationszunahme auslösen. pCO_2 und pO_2 wirken auf spezifische Chemoreceptoren an der Aorta und der Verzweigung der Carotiden (Glomus aorticum und caroticum), pCO_2 auch direkt auf das Atemzentrum. Unter normalen Bedingungen ist wohl der pCO_2 wichtiger für die Steuerung der Ventilationsgröße. Läßt man etwa eine Versuchsperson durch ein CO_2-Absorptionsrohr in einen geschlossenen Sack ein- und ausatmen, so tritt eine Mehratmung erst ein, wenn der Sauerstoffgehalt der Luft schon stark abgesunken ist; läßt man die Absorptionspatrone weg, so bewirkt der steigende CO_2-Gehalt schon sehr bald eine Verstärkung der Atmung. Auch bei den Crustaceen und Insekten ist in erster Linie der CO_2-Überschuß, erst in zweiter Linie der O_2-Mangel für die Ventilationsregulation von Bedeutung.

Tiere wie die Insekten und pulmonaten Schnecken, bei denen die Diffusion für den Nachschub von O_2 zu den respiratorischen Oberflächen sorgt, besitzen meist die Fähigkeit zur Diffusionsregulation. Atemlöcher bzw. Stigmen können in dem Maße verengert oder rhythmisch geschlossen werden, daß die O_2-Diffusion gerade noch den Bedarf deckt. Hierdurch wird der Wasserverlust an den respiratorischen Oberflächen eingeschränkt.

e) Wechsel des Atemmediums

In verschiedenen Gruppen wasseratmender Tiere haben einzelne Vertreter sekundär die Fähigkeit zur Ausnutzung atmosphärischer Luft erworben. Dies gilt insbesondere für Tiere in Süßwasseransammlungen und Sümpfen mit stark schwankendem O_2-Gehalt, in gelegentlich austrocknenden tropischen Flüssen und in der Gezeitenzone des Meeres.

Unter den Krebsen ist der Palmendieb *Birgus latro* das bekannteste Beispiel. Seine Kiemenhöhle ist durch Ausbildung reich durchbluteter, bäumchenartiger Verzweigungen an der Innenwand zu einem

Luftatmungsorgan umgewandelt; die Kiemen selbst sind reduziert, so daß Birgus auf Atmung atmosphärischer Luft angewiesen ist (Abb. 28).

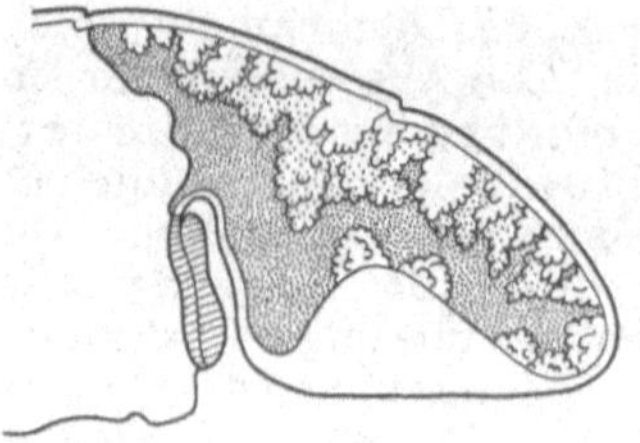

Abb. 28. Kiemenhöhle von *Birgus* mit bäumchenartigen Verzweigungen (nach H a r m s).

Unter den p r o s o b r a n c h e n S c h n e c k e n findet man bei der in tropischen Sümpfen lebenden *Ampullaria* eine Zweiteilung der Kiemenhöhle (Abb. 29).

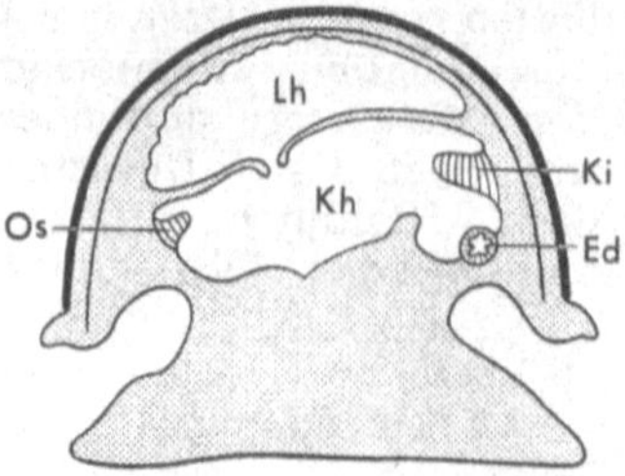

Abb. 29. Querschnitt durch die prosobranche Schnecke *Ampullaria* (nach B ü t s c h l i). Ed = Enddarm, Kh = Kiemenhöhle, Ki = Kieme, Lh = Lungenhöhle, Os = Osphradium (chemisches Sinnesorgan).

Die untere Hälfte enthält die Kiemen und dient der Wasseratmung, die obere besitzt eine reich gefaltete Wandung und dient der Luftatmung. Auch bei der an der Nordseeküste sehr häufigen *Littorina* ist ein Teil der Kiemenhöhlenwandung durch Faltenbildung an die Atmung atmosphärischer Luft angepaßt.

Eine außerordentliche Fülle von Einrichtungen zur Atmung atmosphärischer Luft findet man bei den F i s c h e n. Im allgemeinen wird die Luft durch die Mundöffnung aufgenommen. Der Gasaustausch kann durch die Schleimhaut des Pharynx (z. B. Zitteraal *Electrophorus*), des Magens (z. B. Panzerwels *Callichthys*) oder des Enddarms (z. B. Schlammpeitzger *Misgurnus*) stattfinden. Bei den Labyrinthfischen (z. B. Kletterfisch *Anabas, Macropodus*) ist die Kiemenhöhle mit Aussackungen und Faltenbildungen versehen, die der Luftatmung dienen. Die Aufnahme atmosphärischer Luft ist hier nicht Notatmung, sondern stets erforderlich; diese Fische können also ertrinken. In mehreren Gruppen unabhängig sind schließlich die Schwimmblasen in den Dienst der Atmung getreten oder zu Lungen umgewandelt (z. B. Kahlhecht *Amia* (Holostei), Flösselhecht *Polypterus* (Chondrostei), der nilbewohnende *Gymnarchus* (Teleostei) und die Lungenfische (Dipnoi).

Unter den ursprünglich terrestrischen pulmonaten Schnecken sind einige sekundär zur wasserbewohnenden Lebensweise übergegangen. Die meisten sind dennoch reine Luftatmer geblieben, die in ihrer Lunge einen Luftvorrat in die Tiefe mitnehmen. Bei den Bewohnern tiefer Gewässer ist die Lunge wassergefüllt, dürfte jedoch kaum ausreichend ventiliert werden können; hier ist Hautatmung anzunehmen.

Auch die tauchenden Vögel und Säugetiere sind reine Luftatmer geblieben, die einen Sauerstoffvorrat in ihrer Lunge und gebunden an das Hämoglobin ihres Blutes und das Myoglobin ihrer Muskeln mitnehmen. Bei einer 29 kg schweren Robbe („Klappmütze" *Cystophora*) setzte sich dieser Vorrat folgendermaßen zusammen:

350 ml	Lungenluft	mit 15 % O_2 =	50 ml O_2
4 500 ml	Blut	mit 25 % O_2 =	1 100 ml O_2
6 000 g	Muskel	mit 4,5 % O_2 =	270 ml O_2
	Gewebsflüssigkeit		100 ml O_2
	insgesamt		1 520 ml O_2.

Die Robbe benötigt 14 500 ml O_2 pro Stunde, vermag aber 25 min zu tauchen; der Sauerstoffvorrat kann also nicht für die gesamte Tauchdauer ausreichen. Nachdem der Sauerstoff des Myoglobins verbraucht ist, arbeiten die Muskeln anaerob; sie sind in dieser Zeit vom Blutkreislauf abgeschlossen, so daß die in ihnen entstehende Milchsäure nicht ins Blut übertreten kann. Die gegen Sauerstoffmangel empfindlichen Organe, wie Zentralnervensystem und Nieren, werden während der gesamten Tauchdauer aus dem Blut mit Sauerstoff versorgt. Nach dem Auftauchen werden die Muskeln wieder durchblutet; die dabei ins Blut ausgeschwemmte Milchsäure wird in der Leber z. T. zu Glykogen, z. T. zu CO_2 und Wasser verarbeitet. Die während des Tauchens entstandene „Sauerstoffschuld" wird durch verstärkte Atmung abgegolten. Auch bei den übrigen tauchenden Vögeln und Säugetieren dürfte die Anpassung an die aquatische Lebensweise mehr die Regulation des Blutkreislaufs als die Atmung betreffen.

Die Insekten sind aufgrund der Konstruktion ihrer Atmungsorgane extrem an die terrestrische Lebensweise angepaßt. Auch bei den zahlreichen aquatischen Insekten muß das Tracheensystem, um überhaupt funktionieren zu können, mit Luft gefüllt sein. Viele wasserbewohnende Insekten sind daher reine Luftatmer geblieben, die regelmäßig an die Wasseroberfläche kommen, um ihr Tracheensystem zu ventilieren (Mückenlarven und -puppen, Larve des Gelbrandkäfers *Dytiscus*), oder ein Atemrohr bis zur Wasseroberfläche emporstrecken (Larve der „Schlammfliege" *Eristalis*).

Adulte Insekten nehmen vielfach in einer Haarbedeckung ihres Körpers oder unter den Flügeldecken Luftblasen in die Tiefe. Diese funktionieren nicht nur als O_2-Vorrat, sondern gleichzeitig als physikalische Kieme, dienen also der Gewinnung von O_2 aus dem Wasser. Um dies zu verstehen, muß man die physikalischen Eigenschaften untergetauchter Gasblasen betrachten: Eine Wassermenge möge im Gleichgewicht mit der Luft stehen, d. h. in beiden herrsche der gleiche O_2-Partialdruck pO_2 = 160 Torr und der gleiche N_2-Partialdruck pN_2 = 600 Torr. In der Luft beträgt der Gesamtdruck also 1 Atm = 760 Torr. Bringt man eine Menge dieser Luft unter Wasser in eine Tiefe von 1 m, so wird ihr Gesamtdruck um 1/10 Atm = = 76 Torr auf 836 Torr erhöht; der pO_2 = 176 Torr und der pN_2 = 660 Torr sind jetzt höher als im umgebenden Wasser. O_2 und N_2 diffundieren aus der Luftblase in das Wasser hinein; die Blase wird kleiner, ohne daß sich der Gesamtdruck ändert, und löst sich schließlich auf. Mit dem Luftvorrat eines Insekts geschieht folgendes: Das Tier entzieht der Luftblase O_2; der pO_2 sinkt unter den pO_2 des umgebenden Wassers; O_2 diffundiert aus dem Wasser in die Gasblase; diese funktioniert als physikalische Kieme. Der Gesamtdruck der Gasblase beträgt aber auch hier 836 Torr; die Abnahme des pO_2 wird durch eine entsprechende Zunahme des pN_2 kompensiert. Der pN_2 ist also noch höher als 660 Torr, jedenfalls weit höher als im umgebenden Wasser; N_2 geht an das Wasser verloren; die Blase wird ständig kleiner. Die Insekten müssen also regelmäßig an die Wasseroberfläche kommen, nicht um den O_2 zu erneuern, der ja ständig aus dem Wasser nachdiffundiert, sondern um den verlorenen N_2 zu ersetzen.

Viele aquatische Insekten besitzen ein geschlossenes Tracheensystem. Dessen Inhalt dürfen wir als eine Gasmenge betrachten, die wegen der Steifheit der Tracheen nicht kompressibel ist. Der pO_2 im Inneren des geschlossenen Tracheensystems ist stets niedriger als im umgebenden Wasser, da das Insekt ja ständig O_2 verbraucht; es diffundiert O_2 aus dem Wasser nach. Der pN_2 stellt sich durch Diffusion auf den des umgebenden Wassers ein. Insgesamt herrscht also in geschlossenen Tracheensystemen stets ein Unterdruck. Die gasaustauschende Oberfläche geschlossener Tracheensysteme ist oft durch Ausbildung von Tracheenkiemen vergrößert. Diese sind als blatt- oder fadenförmige Anhänge des Abdomens (Larven der Ephemeriden, Plecopteren, Trichopteren und zygopteren Libellen) oder in der Enddarmwand ausgebildet (anisoptere Libellen) und reich mit Tracheen versorgt. Der auf sie entfallende Anteil des gesamten Gasaustausches ist von Art zu Art sehr unterschiedlich.

Als physikalische Kiemen dienende Luftblasen müssen regelmäßig erneuert werden; dies gilt nicht für den inkompressiblen Gasinhalt der geschlossenen Tracheensysteme, doch muß hier der O_2 die Diffusionsschranken der chitinigen Körperwand und Tracheenwand passieren. Die ideale Atmungseinrichtung aquatischer Insekten wäre eine inkompressible Gasmenge ohne Diffusionsschranke. Diese scheinbar paradoxe Forderung ist im „Plastron" einiger Insekten tatsächlich verwirklicht. So besitzt z. B. die Wasserwanze *Aphelocheirus* einen außerordentlich dichten Besatz feiner, wasserabstoßender Haare. Die in diesem Haarkleid festgehaltene dünne Luftschicht steht über die Stigmen mit dem Tracheensystem in offener Verbindung und bildet eine wirksame physikalische Kieme. Sie ist jedoch praktisch inkompressibel, da Wasser auch bei Drucken von mehreren Atm nicht zwischen die wasserabstoßenden Haare eindringen kann. Ein Plastron in Form einer in schwammigen wasserabstoßenden Strukturen festgehaltenen Gasmenge findet sich auch in den Eiern vieler Dipteren, deren Atmung dadurch auch nach Überschwemmung mit Regenwasser gesichert ist.

f) Gasabscheidung

Viele Knochenfische besitzen eine gasgefüllte Schwimmblase, deren wichtigste Funktion es ist, die mittlere Dichte des Fisches der des Wassers anzugleichen und es ihm zu ermöglichen, in einer bestimmten Wassertiefe ohne größeren Kraftaufwand zu verharren. Den meisten Bodenfischen und manchen pelagischen Fischen, wie der Makrele, fehlt eine solche Einrichtung; diese Fische sind spezifisch schwerer als das Wasser. Das Gas in der Schwimmblase steht stets unter einem Überdruck entsprechend der Wassertiefe (1 Atm pro 10 m Wassertiefe), der bei Tiefseefischen mehr als 100 Atm betragen kann. Sucht ein Fisch höhere Wasserschichten auf, so nimmt dieser Überdruck ab, der Gasinhalt der Schwimmblase dehnt sich aus, der Auftrieb nimmt zu, und der Fisch muß einen Teil des Gases aus der Schwimmblase entfernen, um nicht zur Oberfläche getragen zu werden. Jene Fische, bei denen die Schwimmblase keine offene Verbindung mit dem Darm hat (Physoclisten, z. B. Barsch, Stichling, Dorsch), lassen dann Gas aus einem stark durchbluteten Teil der Schwimmblasenwand, dem Oval, ins Blut diffundieren. Das Oval ist normalerweise durch einen Ringmuskel gegen das Schwimmblasenlumen abgedichtet. Fische mit Schwimmblasengang (Physostomen, z. B. Karpfen, Hecht, Aal, Hering) können Gas durch diesen in den Darm und durch die Mundöffnung nach außen abgeben.

Die Zusammensetzung der Schwimmblasengase entspricht bei Oberflächenfischen etwa der der Luft, bei den Bewohnern größerer Tiefen überwiegt Sauerstoff. Eine Ausnahme bilden die in tiefen Seen lebenden Coregoniden, deren Schwimmblase vor allem Stickstoff enthält. Bei Tiefseefischen ist der Partialdruck aller Gase höher als im umgebenden Meerwasser. Der Mechanismus der Gassekretion gegen Drucke von u. U. mehr als 100 Atm in dem als Gasdrüse bezeichneten Teil der Schwimmblasenwand ist daher von großem Interesse.

Für diesen Vorgang ist die eigenartige Blutgefäßversorgung der Gasdrüse von großer Bedeutung. Die Gasdrüse enthält zwei Sätze von Kapillaren, „arterielle“ und „venöse“, die in engem Kontakt zueinander stehen und ein „Wundernetz“ oder „Rete mirabile“ bilden; am Scheitelpunkt des Rete sind beide

Sätze miteinander verbunden; Abb. 30 gibt diese Verhältnisse grob schematisierend wieder.

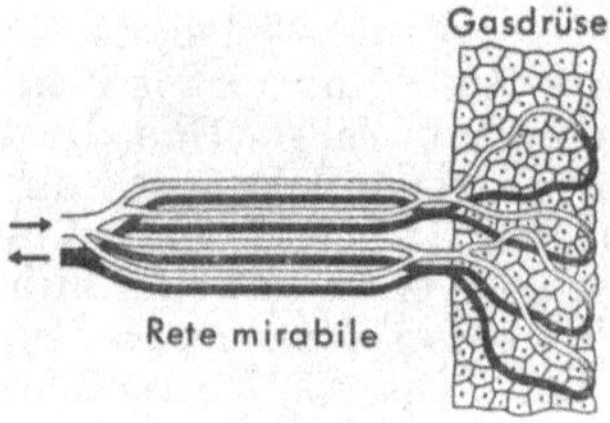

Abb. 30. Blutversorgung der Gasdrüse (nach Marshall).

Das Rete stellt einen Gegenstromaustauscher dar; das aus den venösen Kapillaren abfließende und das in die arteriellen Kapillaren eintretende Blut stehen im Diffusionsgleichgewicht miteinander, stimmen also insbesondere in den Gaspartialdrukken überein. Während der Gasabscheidung in die Schwimmblase muß jedoch der Gasgehalt des Blutes auf dem Wege vom arteriellen zum venösen Schenkel abnehmen. Ein Unterschied im Gasgehalt des venösen und arteriellen Blutes bei übereinstimmenden Partialdrucken ist aber nur möglich, wenn das Lösungs- oder Bindungsvermögen des venösen Blutes im Vergleich zum arteriellen Blut vermindert ist. Die Löslichkeit aller Gase wird durch Erhöhung der Salzkonzentration herabgesetzt (Aussalzeffekt), das Bindungsvermögen des Blutes für O_2 durch Säuren (Bohr-Effekt, Root-Effekt, s. S. 90). Alle diese Effekte gleichzeitig werden durch die Abscheidung von Milchsäure aus den Zellen der Gasdrüse in das venöse Blut erreicht. Die hierdurch bewirkten geringen Unterschiede im Gasgehalt zwischen dem arteriellen und venösen Blut führen wegen der Gegenstromaustauscher-Eigenschaften des Rete zur Entstehung hoher Gasdrucke am Scheitel des Rete (s. Abb. 31), die für die Füllung der Schwimmblase selbst bei Tiefseefischen ausreichen.

Abscheidung von Gasen kommt auch bei anderen Tieren vor: Der Schulp des Tintenfisches Sepia ist teilweise gasgefüllt und hat ähnliche Funktion wie

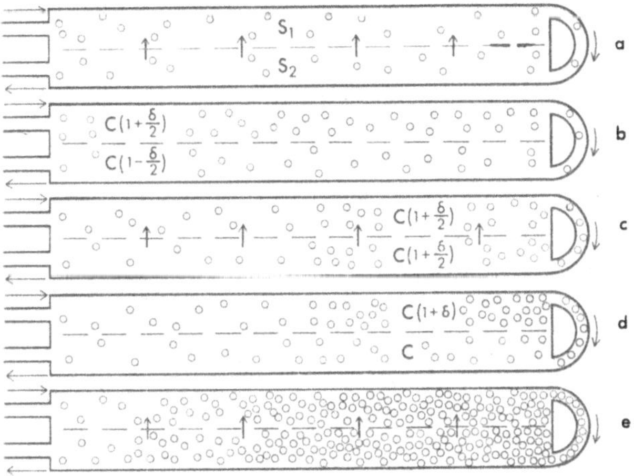

Abb. 31. Erzeugung hoher Gasdrucke in der Schwimmblase durch Multiplikation von Einzeleffekten im Gegenstromaustauschsystem des Rete mirabile (nach Kuhn aus Urich).

Während der gesamten Dauer der Gasabscheidung wird durch Sekrete der Gasdrüse die Löslichkeit des betrachteten Gases im venösen Schenkel S_2 des Rete so weit herabgesetzt, daß nach Ausgleich der Partialdrucke die Gaskonzentration an jeder Stelle des arteriellen Schenkels S_1 jeweils um den Faktor $(1 + \delta)$ höher ist als an der entsprechenden Stelle von S_2 (Einzeleffekt).

In der Ruhe ist die Gaskonzentration in S_1 und S_2 übereinstimmend gleich C. Mit Beginn der Gasabscheidung wird die Löslichkeit in S_2 herabgesetzt; der Partialdruck in S_2 steigt; Gas diffundiert von S_2 nach S_1 (Abb. a); die Gaskonzentration nimmt in S_2 ab auf $C(1-\delta/2)$, in S_1 zu auf $C(1+\delta/2)$ (Abb. b). Wenn das Blut eine Strecke weitergeströmt ist, stehen sich nahe dem Scheitel des Rete in S_1 und S_2 wieder Lösungen gleicher Konzentration $C(1+\delta/2)$ gegenüber (Abb. c); wegen der stets verminderten Löslichkeit in S_2 hat die Lösung dort einen höheren Partialdruck. Nach Ausgleich der Partialdrucke ist die Gaskonzentration nahe dem Scheitel des Rete in S_1 gleich $C(1+\delta)$, in S_2 gleich C (Abb. d). Das Blut der Konzentration $C(1+\delta)$ gelangt weiterströmend auch nach S_2 usw. Durch vielfache Wiederholung dieses Einzelprozesses werden am Scheitel des Rete hohe Gaskonzentrationen aufgebaut (Abb. e), deren Höhe nur durch die in Längsrichtung des Rete erfolgende Diffusion begrenzt ist.

die Schwimmblase der Fische. Das Gas steht unter Unterdruck und wird durch osmotische Kräfte zwischen dem Blut und der hypoosmotischen (s. S. 84) Schulpflüssigkeit abgeschieden. Die Luftkammer der Staatsqualle *Physalia* enthält ein Gasgemisch mit hohem Anteil an Kohlenmonoxyd, das durch eine chemische Reaktion aus der Aminosäure Serin gebildet wird.

IV. Stofftransport

Der Stofftransport über größere Strecken erfolgt im allgemeinen durch die Bewegung von Körperflüssigkeiten, welche die zu transportierenden Stoffe in gelöster oder suspendierter Form oder auch im Inneren von Zellen tragen. Dem Stofftransport dienen aber auch die Kanalsysteme im Inneren der Schwämme und Medusen, die verzweigten Därme der Turbellarien und Trematoden und die Tracheen der Insekten und Tausendfüßler. Alle diese verzweigten Kanalsysteme kann man als Teil der Außenwelt auffassen; ihr Inhalt entspricht vielfach weitgehend dem Außenmedium.

Über kleinere Strecken, etwa durch Zellmembranen oder wenige Zellschichten hindurch, können Stoffe durch Diffusion oder aktiven Transport weitergegeben werden (s. S. 46). Beim Stofftransport im Inneren der Zelle wirken Protoplasmaströmung, Diffusion und wohl auch aktive Transportprozesse. Im folgenden soll nur der Stofftransport durch bewegte Körperflüssigkeiten näher besprochen werden.

a) Blut und andere Körperflüssigkeiten

Alle vielzelligen Tiere besitzen zumindest zwei Typen von Flüssigkeiten, die sich in zahlreichen Eigenschaften unterscheiden: Zellinhalt und extrazelluläre Flüssigkeit. Oft zerfällt jedoch der extrazelluläre Raum in mehrere, voneinander getrennte Kompartimente. So finden wir bei den Wirbeltieren die Gewebslücken mit der Gewebsflüssigkeit, das Lymphgefäßsystem mit der Lymphe, das Blutgefäßsystem mit dem Blut, ferner die Leibeshöhle, die Hohlräume des Gehirns und Rückenmarks mit dem Liquor cerebro-spinalis, die Augenkammern u. a. Ähnlich komplizierte Aufteilungen des extrazellulären Raumes gibt es auch bei anderen Tieren, wie z. B. den Echinodermen. Bei den Arthropoden, Mollusken und Tunicaten ist ein anscheinend einheitlicher extrazellulärer Raum vorhanden, dessen Inhalt man als Hämolymphe bezeichnet. Es wäre jeweils zu untersuchen, welche Eigenschaften die einzelnen Körperflüssigkeiten haben, wie der Stofftransport innerhalb eines Kompartiments und wie der Stoffaustausch zwischen verschiedenen Kompartimenten erfolgt.

1. Die Körperflüssigkeiten als Zellmilieu

Die Körperflüssigkeiten sind das Lebensmilieu für fast alle Zellen des Körpers; nur die Zellen der Haut sowie die des Darmes und anderer Außenweltkanäle sind der Wirkung von Außenweltfaktoren direkt ausgesetzt. Die Eigenschaften der Körperflüssigkeiten zu kennen ist daher für das Verständnis der Zellfunktionen von größter Bedeutung. Für den Organismus ist es günstig, wenn alle diese Eigenschaften unabhängig von Veränderungen in der Umwelt möglichst konstant gehalten werden. Fast alle Stoffwechselprozesse und deren Regulation sind unter diesem Ziel der Konstanz des Innenmilieus zu verstehen. Die wichtigsten Eigenschaften der Körperflüssigkeiten sind die folgenden:

Osmotischer Druck: Ist eine wässrige Lösung von reinem Wasser durch eine nur für Wasser, nicht aber für gelöste Stoffe durchlässige Membran („semipermeable Membran") getrennt, so strömt Wasser in die Lösung ein (Osmose). Der Druck, der gerade imstande ist, diesen Wassertransport zu verhindern, ist der osmotische Druck p_{osm}. Einfacher zu bestimmen ist die Gefrierpunktserniedrigung Δ, die p_{osm} proportional ist. p_{osm} bzw. Δ sind nur abhängig von der Zahl der gelösten Teilchen, nicht von deren chemischer Natur. In einer wässrigen Lösung von 1 Mol/l einer nicht-dissoziierten Substanz ist $\Delta = 1{,}86\,°$, $p_{osm} = 22{,}4$ Atm; bei dissoziierenden Substanzen findet man entsprechend der Zahl der gebildeten Ionen höhere Werte. Einige Δ von Körperflüssigkeiten sind in Tab. 4 zusammengestellt.

Tab.4

Typische Werte der Gefrierpunktserniedrigung Δ [°C] in den Körperflüssigkeiten einiger Tiere und in deren Lebensraum (nach Prosser):

Süßwasser-Muscheln	0,08
Wasserfrosch	0,45
Flußkrebs	0,82
Regenwurm	0,3 —0,4
Säugetiere	0,55—0,58
Insekten	0,5 —1,2
marine Teleostier	0,65—0,7
marine Wirbellose	1,80—1,85
marine Elasmobranchier	1,85—1,92
Salinenkrebs *Artemia*	1,2 —1,6
Süßwasser	ca. 0,01
Meerwasser	1,85
Salzseen	bis 15

Beim Vergleich verschiedener Körperflüssigkeiten eines Individuums untereinander oder mit dem umgebenden Wasser werden folgende Begriffe verwendet: Isosmotisch heißen Flüssigkeiten mit gleichem Δ, hyperosmotisch ist eine Flüssigkeit, wenn ihr Δ höher, hypoosmotisch, wenn ihr Δ niedriger ist als Δ der Vergleichsflüssigkeit. Die Mechanismen der Konstanterhaltung des osmotischen Drucks (Osmoregulation) werden auf S. 130 besprochen.

Der kolloidosmotische Druck p_{koll} ist jener Anteil von p_{osm}, der auf dem Vorhandensein von makromolekularen Substanzen, insbesondere Eiweißen, beruht. Er wird gemessen an einem System, bei dem die eiweißhaltige von einer eiweißfreien Lösung durch eine Membran getrennt ist, die zwar durchlässig für Wasser und niedermolekulare Stoffe, aber undurchlässig für Eiweiß ist (Ultrafilter). Der p_{koll} des menschlichen Blutes z. B. liegt bei 25 Torr. Die Kompartimentgrenzen im Körper der Tiere entsprechen zwar zumeist nicht dem einfachen Bilde einer semipermeablen Membran oder eines Ultrafilters; dennoch sind p_{osm} und p_{koll} wichtige kennzeichnende Größen von Körperflüssigkeiten.

Der pH-Wert der Körperflüssigkeiten liegt gewöhnlich nahe dem Neutralpunkt (pH 7). Alle Körperflüssigkeiten zeigen Puffereigenschaften. Die wichtigsten Puffersysteme in den Körperflüssigkeiten der Tiere sind H_2CO_3/HCO_3^-, $H_2PO_4^-/HPO_4^{--}$ und, soweit vorhanden, die Eiweiße. An der regulatorischen Konstanterhaltung des pH sind vor allem beteiligt die Atmungsorgane (durch Abgabe von CO_2), die Exkretionsorgane (durch Ausscheidung überschüssiger Säuren oder Basen) und Organe wie die Leber, die saure Stoffwechselendprodukte weiter verarbeiten.

Die verschiedenen anorganischen Ionen der Körperflüssigkeiten (Na^+, K^+, Ca^{++}, Mg^{++}, Cl^-, HCO_3^-, Phosphat u. a.) bestimmen nicht nur die Höhe von p_{osm}, sondern greifen auch spezifisch in zahlreiche Lebensvorgänge ein (Enzymaktivität, Erregungsprozesse, Zellpermeabilität u. a.). Auch die Ionenzusammensetzung der Körperflüssigkeiten wird weitgehend konstant gehalten (Ionenregulation, s. S. 138). In den extrazellulären Flüssigkeiten herrschen zumeist Na^+ und Cl^- vor, im Inneren der Zellen K^+ und organische Anionen. Tab. 5 gibt einige Werte für die Ionenkonzentrationen im Meerwasser und den Körperflüssigkeiten verschiedener Tiere.

Tab. 5

Ionenkonzentrationen in Meerwasser, extrazellulären und intrazellulären Körperflüssigkeiten [mM/l] (nach Potts u. Parry)

	Na^+	K^+	Ca^{++}	Mg^{++}	Cl^-	SO_4^{--}
Meerwasser	478	10,1	10,5	54,5	558	28,8
Mytilus, Blut	474	12,0	11,9	52,6	553	28,9
Muskel	79	152	7,3	34	94	8,8
Loligo, Blut	456	22,2	10,6	55,4	578	8,1
Carcinus, Blut	531	12,3	13,3	19,5	557	16,5
Bombyx-Larve, Blut	3,4	41,8	12,3	40,4	14	
Mensch, Blutplasma	142	5	5	3	103	
Milch	8,3	14,5	9,6	1,5	11,7	
Ratte, Muskel	16	152	1,9	16,1	5,0	

Die biologische Bedeutung des O_2- und CO_2-Gehalts der Körperflüssigkeiten ist evident. Unter den gelösten organischen Substanzen sind die Kohlenhydrate als Energielieferanten der Zellen von besonderem Interesse. Der vorherrschende Blutzucker der meisten Tiere ist die Glucose; bei den Insekten tritt an ihre Stelle das Disaccharid Trehalose (α-Glucosido-α-glucosid). Eine Fülle von Funktionen haben die Eiweiße der Körperflüssigkeiten: sie sind Träger des p_{koll} und wichtige Puffersubstanzen; sie vermögen nicht nur die Atemgase, sondern auch zahlreiche andere Substanzen zu binden; sie sind vor allem bei den Wirbeltieren an der Blutgerinnung und den Abwehrreaktionen des Körpers beteiligt.

2. *Die Transportfunktionen der Körperflüssigkeiten*

Die extrazellulären Körperflüssigkeiten transportieren Atemgase, Nährstoffe, Exkrete und Hormone. Auch der Wärmetransport im Körperinneren erfolgt überwiegend durch bewegte Körperflüssigkeiten.

α) Der Transport des Sauerstoffs

Wie groß die in einem bestimmten Zeitraum von den respiratorischen Oberflächen zu den Geweben transportierte Sauerstoffmenge ist, wird einerseits bestimmt durch das während dieses Zeitraums bewegte Blutvolumen, andererseits durch die Aufnahmekapazität des Blutes für den Sauerstoff. Die physikalische Löslichkeit des Sauerstoffs in den Körperflüssigkeiten ist gering. In fast allen Stämmen des Tierreichs findet man jedoch zumindest bei einigen Vertretern Farbstoffe, die Sauerstoff reversibel chemisch zu binden vermögen (Tab. 6). Solche respiratorischen Farbstoffe kommen sowohl in Körperflüssigkeiten (frei gelöst oder im Inneren von Blut- oder Coelomzellen) wie auch in Geweben vor und erhöhen deren O_2-Kapazität sehr beträchtlich.

Bisher sind vier derartige Pigmente bekannt: Das Hämoglobin besteht aus einem Proteinanteil (Globin) und einem Farbstoffanteil (Häm). Das Häm ist die Verbindung des aus Pyrrolringen aufgebauten Protoporphyrins mit zweiwertigem Eisen. Bei der Bindung von einem O_2 pro Hämmolekül verändert das Eisen seine Wertigkeitsstufe nicht; es handelt sich bei der Reaktion $Hb + O_2 \leftrightarrows HbO_2$ also nicht um eine Oxydation, sondern um eine Oxygenierung. Wie aus seiner sporadischen Verbreitung im Tierreich hervorgeht, ist das Hämoglobin im Verlaufe der Evolution offenbar mehrfach entstanden; der gleiche Farbstoffanteil wie im Hämoglobin kommt auch in universell verbreiteten Atmungsenzymen (Cytochromen) vor. Auch das grüngefärbte Chlorocruorin enthält an Porphyrin gebundenes Eisen, doch ist der Farbstoffanteil (Spirographishäm) von dem des Hämoglobins etwas verschieden. Das violette Hämerythrin und das blaugefärbte Hämocyanin sind keine Pyrrolfarbstoffe, das erste enthält Eisen, das zweite Kupfer an Eiweiß gebunden. Es ist noch ungeklärt, ob

Tab. 6

Vorkommen respiratorischer Farbstoffe in den Körperflüssigkeiten (nach P r o s s e r). e = Farbstoff frei gelöst; i = Farbstoff im Inneren von Zellen

		Coelom-flüss.	Blut od. Hämo-lymphe
HÄMOGLOBIN			
Tentaculata	*Phoronis* (Phoronoidea)		i
Echinodermata	versch. Holothurien	i	
Chordata	alle Wirbeltiere		i
Annelida			
Polychaeta	*Nereis, Arenicola* u. a.		e
	Glycera, Capitella u. a.	i	
	Terebella, Travisia	i	e
Echiuroidea	*Urechis*	i	
Oligochaeta	*Lumbricus* u. a.		e
Hirudinea	*Hirudo* u. a.		e
Nemertini	versch. Arten		e od. i
Arthropoda			
Crustacea	*Daphnia* u. a.		e
Insecta	Chironomiden-Larven		e
Mollusken			
Gastropoden	*Planorbis*		e
Lamellibranchiata	*Arca, Solen*		i
CHLOROCRUORIN			
Annelida			
Polychaeta	*Sabellidae* u. a.		e
HÄMERYTHRIN			
Tentaculata	*Lingula* (Brachiopoda)		i
Sipunculoidea	*Sipunculus* u. a.	i	
Annelida	*Magelona* (Polychaeta)		i
Priapulida	*Priapulus*	i	
HÄMOCYANIN			
Arthropoda			
Arachnomorpha	*Limulus*, Skorpione		e
Crustacea	viele Malacostraca		e
Mollusca			
Gastropoda	*Helix* u. a.		e
Cephalopoda	*Loligo, Sepia* u. a.		e

es weitere O_2-bindende Pigmente gibt. Vielleicht gehören hierher das Molpadin der Holothurie *Molpadia* und das Lithobioviolin des Hundertfüßers *Lithobius*; das Hämovanadin mancher Tunicaten hat jedoch zweifellos keine derartige Funktion.

In größerer Konzentration frei gelöste respiratorische Pigmente würden den Körperflüssigkeiten unphysiologisch hohe kolloidosmotische Drucke verleihen, wenn sie nicht entweder extrem hohe Molekulargewichte aufweisen oder aber im Inneren von Zellen eingeschlossen sind. Chlorocruorine und Hämocyanine, die stets frei im Blutplasma gelöst vorliegen, haben dementsprechend Molekulargewichte von mehreren Millionen. Die stets intrazellulären Hämerythrine haben Molekulargewichte von 66 000—119 000. Frei im Blutplasma gelöste Hämoglobine (Anneliden, Posthornschnecke *Planorbis*) haben Molekulargewichte von 1,5—3 Millionen; niedere Molekulargewichte findet man bei den intrazellulären Hämoglobinen in den roten Blutkörperchen (Neunauge 19 100, übrige Wirbeltiere 68 000, Muschel *Arca* 33 600), den Zellen der Coelomflüssigkeit (Polychaet *Notomastus* 36 000, Holothurie *Thyone* 23 600) und den Körperzellen (Myoglobin der Wirbeltiere 17 000).

Die O_2-Kapazität der Körperflüssigkeiten, gemessen an dem O_2-Gehalt im Gleichgewicht mit Luft, kann zwischen weniger als 1 und mehr als 20 Vol % liegen. Hohe Werte findet man bei den Wirbeltieren (Säuger 15—29, Vögel 10—20, Reptilien 7—13, Amphibien 3—10, Fische 4—20 Vol %), aber auch manchen wirbellosen Tieren (Polychaet *Arenicola* 6—8, Echiuride *Urechis* 3—7, Cephalopoden 4—5 Vol %).

Welcher Anteil des vorhandenen Pigments jeweils mit O_2 verbunden ist, hängt vom O_2-Partialdruck pO_2 ab. Die O_2-Gleichgewichtskurve, die diese Abhängigkeit wiedergibt, hat bei vielen respiratorischen Farbstoffen eine S-Form (Abb. 32). Hierdurch wird die O_2-Abgabe in den Geweben erleichtert, da bereits geringe Verminderung des pO_2 im Gewebe stark erhöhte Freisetzung von O_2 bewirkt. Die Affinität des Pigments zum O_2 und damit die Lage der Gleichgewichtskurve ist bei den einzelnen Tierarten außerordentlich unterschiedlich. Um nicht jedesmal die ganze Kurve wiedergeben zu müssen, charakterisiert man ihre Lage willkürlich durch den p_{50}, d. i. der pO_2, bei dem 50 % des vorhandenen Pigments mit O_2 beladen sind.

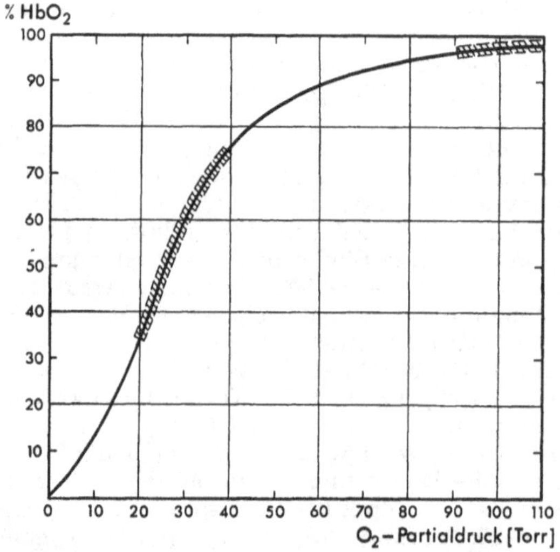

Abb. 32. O_2-Gleichgewichtskurve des Hämoglobins vom Menschen (nach Schneider). Gestrichelt jene Bereiche der Kurve, die dem Gasaustausch in der Lunge und in den Geweben entsprechen.

Steigerung des pCO_2 bzw. Herabsetzung des pH bewirken bei vielen Pigmenten eine Verminderung der O_2-Affinität, also eine Erhöhung des p_{50}. Dieser sogenannte Bohr-Effekt erleichtert die O_2-Abgabe in den Geweben (pCO_2 hoch) und die O_2-Aufnahme in den Atmungsorganen (pCO_2 niedrig), er kann jedoch auch fehlen oder sogar umgekehrt sein. Bei manchen Tiefseefischen führt Erhöhung des pCO_2 nicht nur zur Verminderung der O_2-Affinität des Hämoglobins, sondern auch zu einer Verminderung der O_2-Kapazität; selbst bei pO_2 von vielen Atmosphären ist das Hämoglobin nicht voll beladen (Root-Effekt). Temperaturerhöhung setzt bei allen Blutfarbstoffen die O_2-Affinität herab. Zu jedem p_{50} gehört also die Angabe des pCO_2 bzw. pH und der Temperatur, bei denen gemessen wurde. Die im folgenden angegebenen p_{50} gelten jeweils für normale physiologische Bedingungen.

Eine noch höhere Affinität als zum O_2 haben die meisten Hämoglobine und Chlorocruorine zum Kohlenmonoxyd CO. Da die gebildeten CO-Verbindungen in den Geweben nicht entladen werden, fallen die betreffenden Pigmentmoleküle für den O_2-Transport aus; hierauf beruht die Giftigkeit des CO für die höheren Wirbeltiere.

In welchem Ausmaß ein respiratorisches Pigment am O_2-Transport beteiligt ist, kann direkt am lebenden Tier aus den Unterschieden des pO_2 und des O_2-Gehalts im arteriellen und venösen Blut berechnet werden. Leider ist die Bestimmung der arterio-venösen Differenz bisher nur bei einigen Wirbeltieren, Cephalopoden und Crustaceen möglich gewesen. Beim ruhenden Menschen beträgt der pO_2 arteriell 95, venös etwa 50 Torr, der O_2-Gehalt arteriell 20, venös etwa 12—14 Vol %. Durch eine pO_2-Differenz von 45 Torr werden also 6—8 Vol % O_2 aus dem Blut in die Gewebe freigesetzt. Von dem im Blut in physikalischer Lösung enthaltenen Sauerstoff können bei dieser pO_2-Differenz nur etwa 0,1 Vol % freiwerden; der O_2-Transport erfolgt also zu mehr als 98 % durch das Hämoglobin. Der O_2-Gehalt des arteriellen Blutes wird beim ruhenden Menschen nur zu etwa einem Drittel ausgenutzt; es existiert also eine bedeutende Reserve für den Fall erhöhten O_2-Bedarfs in den Geweben.

Bei dem Cephalopoden *Loligo* beträgt die arterio-venöse Differenz des pO_2 etwa 120—50 = 70 Torr, die des O_2-Gehalts 4,3—0,4 = 3,9 Vol %. Auch hier trägt das respiratorische Pigment (Hämocyanin) die Hauptlast des O_2-Transports; der O_2-Gehalt des arteriellen Blutes wird jedoch zu mehr als 90 % ausgenutzt. *Loligo* lebt ständig schwimmend im freien Meer; sein O_2-Bedarf und seine Atmungsbedingungen sind daher nur geringen Schwankungen unterworfen und eine O_2-Reserve im Blut ist entbehrlich.

Eigentümliche Verhältnisse herrschen bei den decapoden Crustaceen. Das Blut der Languste *Panulirus* z. B. hat im Gleichgewicht mit Luft eine O_2-Kapazität von etwa 1,5 Vol. %. Der O_2-Gehalt des arteriellen Blutes beträgt jedoch nur 0,8 Vol %, das Hämocyanin ist also nur zu 54 % mit O_2 beladen. Dies liegt an dem

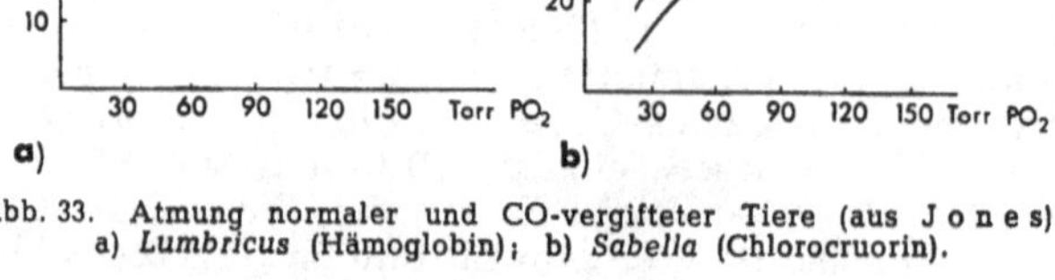

Abb. 33. Atmung normaler und CO-vergifteter Tiere (aus Jones): a) *Lumbricus* (Hämoglobin); b) *Sabella* (Chlorocruorin).

geringen Wirkungsgrad der Kiemen, aus denen das Blut mit einem pO_2 von nur 7 Torr abströmt. Trotzdem erfolgt der O_2-Transport überwiegend durch das Blutpigment, wie aus der arterio-venösen Differenz der

O_2-Gehalte von 0,8—0,35 = 0,45 Vol % bei einer pO_2-Differenz von nur 7—3 = 4 Torr hervorgeht.

Ein zweites Verfahren zur Abschätzung der Beteiligung respiratorischer Farbstoffe am O_2-Transport besteht im Vergleich der Atmung bei normalen Tieren und solchen, deren Pigment durch CO ausgeschaltet wurde (Abb. 33). Dieses indirekte Verfahren ist auf Formen mit Hämoglobin und Chlorocruorin beschränkt und liefert weit weniger eindeutige Ergebnisse als die direkte Berechnung aus der arterio-venösen Differenz.

In den meisten Fällen ist man darauf angewiesen, aus den Eigenschaften eines respiratorischen Pigments auf seine Funktion zu schließen, wobei O_2-Kapazität, Lage der O_2-Gleichgewichtskurve und Größe des Bohr-Effekts sowie die Atmungsbedingungen des betreffenden Tieres berücksichtigt werden müssen.

Transportpigmente mit niedriger O_2-Affinität und meist ausgeprägtem Bohr-Effekt wird man dort erwarten, wo sowohl an den respiratorischen Oberflächen wie in den Geweben relativ hohe pO_2 herrschen: Hämoglobin der Forelle (p_{50} = 18 Torr), der terrestrischen Wirbeltiere (p_{50} = 15—40 Torr) und des Polychaeten *Eupolymnia* (p_{50} = 36 Torr); Hämocyanin des Cephalopoden *Loligo* (p_{50} = 36 Torr); Chlorocruorin des Polychaeten *Sabella* (p_{50} = 27 Torr). Bei Tieren, die unter ungünstigen Atmungsbedingungen leben (pO_2 niedrig, pCO_2 hoch) oder wenig leistungsfähige respiratorische Oberflächen besitzen, wird man Pigmente mit hoher O_2-Affinität und schwachem Bohr-Effekt erwarten, deren Entladung niedrige pO_2 in den Geweben voraussetzt: Hämoglobin des Karpfens (p_{50} = 5 Torr), des Regenwurmes *Lumbricus* (p_{50} = 4—5 Torr), der Larven der Zuckmücken *Chironomus* (p_{50} = 0,6 Torr), der Posthornschnecke *Planorbis* (p_{50} = 3 Torr).

Vielfach sind mehrere Pigmente zunehmender O_2-Affinität nach Art einer Transportkette hintereinander geschaltet. So hat bei den meisten Säugetieren das Hämoglobin des Foetus höhere O_2-Affinität als das der Mutter (beim Menschen p_{50} = 19—22 Torr beim Foetus, 26—27 Torr bei der Mutter). Ähnliche Transportsysteme bilden auch das Blutpigment und das Hämoglobin der Muskelzellen (Myoglobin). Myoglobine sind im Tierreich weit verbreitet (Wirbeltiere, Echinodermen, Echiuriden, Anneliden, Arthropoden, Mollusken) und kommen auch bei solchen Formen vor, die als Blutpigment Chlorocruorin (Polychaet *Potamilla*) oder Hämocyanin (verschiedene Schnecken) besitzen.

Respiratorische Pigmente können nicht nur dem O_2-Transport, sondern auch der O_2-Speicherung dienen; sie sind wie Puffer zwischen Atmungsorgane und Gewebe geschaltet und können bei vorübergehendem O_2-Mangel an den respiratorischen Oberflächen die Versorgung der Gewebe eine Zeit lang aufrecht erhalten. Die Speicherfunktion des Hämoglobins bei den tauchenden Säugetieren wurde auf S. 75 schon besprochen. Zugleich Speicher- und Transportfunktion dürfte das Hämoglobin bei dem Echiuriden *Urechis* und dem Polychaeten *Arenicola* haben. Beide sind grabende Formen, die in der Gezeitenzone des Meeres leben. *Urechis* trägt das Pigment in den Zellen der Coelomflüssigkeit, *Arenicola* gelöst im Blut. Beide sind in Pausen der Ventilation und während der Zeit des Niedrigwassers einem O_2-Mangel ausgesetzt. Der im Hämoglobin gespeicherte O_2-Vorrat würde für etwa eine Stunde ausreichen; außerdem erlaubt das Pigment eine bessere Ausnutzung des in der Wohnröhre vorhandenen Wassers. Eine Speicher- oder Pufferfunktion wird man auch den Myoglobinen und sonstigen Gewebspigmenten zuschreiben können. Nach neueren Befunden ist die Diffusion des O_2 in Hämoglobinlösungen im Vergleich zu einfachen Salzlösungen mehrfach beschleunigt. Möglicherweise tragen die Myoglobine auch aufgrund dieses Effektes zur O_2-Versorgung der Gewebe bei.

β) Der Transport des Kohlendioxyds

Der überwiegende Teil des CO_2 wird wohl im Blut aller Tiere als HCO_3^- transportiert, das nach Gleichung (8) mit dem physikalisch gelösten CO_2 im Gleichgewicht steht.

$$CO_2 + H_2O \leftrightharpoons H_2CO_3 \leftrightharpoons H^+ + HCO_3^- \quad (8)$$

Diese Reaktion wird durch ein spezifisches Enzym beschleunigt, die Kohlensäuredehydratase, die z. B. in den Erythrocyten der Wirbeltiere und in Kiemen vorkommt. Die nach Gleichung (8) zu erwartende pH-Verschiebung wird bei den Wirbeltieren durch die Puffereigenschaften des Hämoglobins weitgehend kompensiert. Das O_2-freie Hb ist eine schwächere Säure als das O_2-beladene HbO_2; in den Geweben gibt das Hämoglobin O_2 ab und nimmt gleichzeitig die H^+-Ionen auf, die nach (8) entstehen; in der Lunge spielt sich der umgekehrte Prozeß ab. Ein Teil des CO_2 wird auch direkt an Hämoglobin gebunden transportiert (Carbhämoglobin).

3. *Blutgerinnung und Wundverschluß*

Dem Schutz gegen Blutverluste bei Verletzungen dienen einerseits Kontraktion der Körpermuskulatur und Verschluß von Blutgefäßen in der Umgebung der Wunde, andererseits Vorgänge im Blute selbst. Unter diesen ist der Verschluß der Wunde durch Pfropfen von verklebten („agglutinierten") Blutzellen im Tierreich weit verbreitet (Echinodermen, Mollusken, Arthropoden, Wirbeltiere); echte Blutgerinnung findet man dagegen nur bei Wirbeltieren und Arthropoden (besonders decapoden Krebsen).

Genaueres über die beteiligten Eiweißsubstanzen und Reaktionsmechanismen ist nur für die Wirbeltiere, insbesondere den Menschen, bekannt. Der eigentliche Gerinnungsprozeß besteht in der Umwandlung des im Blutplasma des Menschen gelösten Fibrinogens in das unlösliche Fibrin. Das Fibringerinnsel schließt die

Erythrocyten ein und bildet den Blutkuchen; der nach dem Ausfallen des Fibrins übrigbleibende flüssige Anteil des Blutes wird als Serum bezeichnet. Der Umwandlungsprozeß Fibrinogen-Fibrin wird durch das Thrombin katalysiert. Dieses liegt im Plasma jedoch als inaktive Vorstufe Prothrombin vor, die erst unter der Einwirkung der Thrombokinase in Gegenwart von Ca^{++} und einigen anderen Faktoren aktiviert wird. Die Thrombokinase ist in vielen Geweben enthalten und wird aus diesen durch Verletzung der Zellen freigesetzt. Vor allem aber entsteht die Thrombokinase beim Zerfall der an den Wundrändern agglutinierenden Blutplättchen in einer komplizierten Reaktion, an der außer Stoffen der Blutplättchen auch Plasmafaktoren beteiligt sind. Ähnliche Funktion wie die Blutplättchen der Säuger haben die Spindelzellen der übrigen Wirbeltiere.

4. *Abwehrfunktionen der Körperflüssigkeiten*

Bei fast allen vielzelligen Tieren enthalten die Körperflüssigkeiten bewegliche Zellen (Amoebocyten), die Fremdkörper oder Parasiten phagocytieren und dadurch unschädlich machen können. Bei den Säugetieren ist das Blut noch an einer weiteren Abwehrreaktion beteiligt. Gelangen artfremdes Eiweiß oder Giftstoffe (Antigene) ins Blut, so werden in den Plasmazellen des Knochenmarks und lymphatischen Gewebes hochspezifische Abwehrstoffe von Eiweißnatur (Antikörper) produziert und ins Blut abgegeben. Der Antikörper reagiert mit dem Antigen und macht dieses dadurch unschädlich. Über entsprechende Vorgänge bei den niederen Wirbeltieren und in den übrigen Tiergruppen ist wenig bekannt. Der Antigen-Antikörper-Reaktion nahe verwandt sind Reaktionen zwischen Blutplasma und Erythrocyten verschiedener menschlicher Individuen. Die roten Blutkörperchen des Menschen können die Blutgruppensubstanzen A und B enthalten; die hiergegen spezifischen Substanzen des Serums, Anti-A und Anti-B (Agglutinine), bewirken Verkleben der Erythrocyten. Selbstverständlich kommen eine bestimmte Blutgruppensubstanz und das entsprechende Agglutinin niemals nebeneinander im Blute eines Individuums vor; die bekannte Unterscheidung von vier Blutgruppen beim Menschen ist in Tab. 7 wiedergegeben. Außer diesen Blutmerkmalen des ABO-Systems sind noch

Tab. 7

Die Blutgruppen des Menschen (ABO-System) und ihre Häufigkeit in Nordwest-Deutschland in % der Bevölkerung:

Blutgruppe	Blutgruppensubstanz in den Erythrocyten	Agglutinin im Serum	Häufigkeit
AB	A+B	—	3 %
A	A	Anti-B	43 %
B	B	Anti-A	12 %
O	—	Anti-A+Anti-B	42 %

weitere erbliche Blutfaktoren bekannt geworden, von denen besonders der Rhesusfaktor Rh große medizinische Bedeutung hat. Auch bei verschiedenen Säugerarten sind Blutgruppen unterschieden worden.

b) Bewegung der Körperflüssigkeiten

1. *Bewegung der Leibeshöhlenflüssigkeit*

Es ist leicht einzusehen, daß lokale Bewegungen der Körperwand zu Verschiebungen des flüssigen Inhalts der Leibeshöhle führen müssen. Die so entstehenden Flüssigkeitsströmungen sind kaum erforscht; es ist jedoch anzunehmen, daß sie nur wenig zu einem geordneten Stofftransport beitragen. Einige Tiere verfügen jedoch über spezielle Einrichtungen zur Bewegung der Coelomflüssigkeit, die es erlauben, von coelomatischen Kreisläufen zu sprechen. Es handelt sich stets um Formen, die keinen Blutkreislauf besitzen; hier dürfte den Bewegungen der Leibeshöhlenflüssigkeit größere Bedeutung für den Stofftransport im Körper zukommen. Bei dem pelagischen Polychaeten *Tomopteris* wird durch quer angeordnete Wimperbänder im Coelom des Rumpfes und der seitlichen Körperfortsätze (Parapodien) eine gerichtete Strömung erzeugt

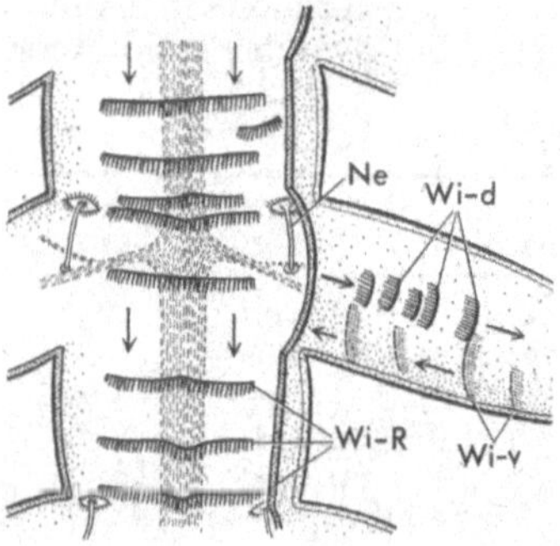

Abb. 34. *Tomopteris* (Polychaeta), Dorsalansicht der ventralen Körperwand und der Parapodien der Körpermitte (nach Abb. von M e y e r kombiniert). Ne = Nephridium, Wi — R = Wimperstreifen der ventralen Körperwand, Wi — d bzw. Wi — v = dorsale bzw. ventrale Wimperstreifen im Parapodium. Pfeile geben die Strömungsrichtung an.

(Abb. 34). Bei dem Echiuriden *Urechis* bewirken die peristaltischen Kontraktionen des Enddarms nicht nur die Ventilation des der Atmung dienenden Darmes, sondern gleichzeitig auch die Bewegung der Coelomflüssigkeit mit ihren hämoglobinhaltigen Zellen.

2. *Blutkreisläufe*

Unter den Kreislaufsystemen sind zwei Typen zu unterscheiden: die geschlossenen Blutkreisläufe, bei denen das Blut in Gefäßen mit eigener Wandung strömt, und die offenen Kreisläufe, bei denen die Hämolymphe einen größeren Teil ihres Weges durch die Lückenräume der Leibeshöhle zurücklegt. Beide Typen sind in ihren Extremen funktionell sehr verschieden. Es gibt jedoch auch Übergänge, so daß die Abgrenzung der offenen gegen die geschlossenen Blutkreisläufe bis zum gewissen Grade der Willkür unterliegt. Geschlossene Kreislaufsysteme findet man bei den Nemertinen, Anneliden, Acraniern und Wirbeltieren. Bei den offenen Kreisläufen können im Extremfall Gefäße ganz oder fast ganz fehlen (viele Insekten, Tunicaten); in anderen Fällen sind mehr oder weniger komplizierte Systeme verzweigter Gefäße vorhanden, die ihren Inhalt allerdings schließlich in die Leibeshöhle ergießen (Crustaceen, „Pfeilschwanzkrebs" *Limulus)*. Im Stamm der Mollusken findet man alle Übergänge von offenen Kreisläufen mit unverzweigten oder nur grob verzweigten Gefäßen (Amphineura) über solche mit Gefäßsystemen zunehmender Kompliziertheit (Muscheln, Schnecken) bis zu den nahezu geschlossenen Gefäßsystemen der Cephalopoden (Abb. 43, S. 109).

α) geschlossene Blutkreisläufe

Bei den Nemertinen, Anneliden und Acraniern wird das Blut durch peristaltische Kontraktionen bestimmter Gefäße umgetrieben. Vielfach sind Ventileinrichtungen vorhanden, die einen Rückstrom des Blutes verhindern (Abb. 35). Bei den Polychaeten und Oligochaeten strömt das Blut in dem Dorsalgefäß nach vorn, im Ventralgefäß nach hinten; beide sind verbunden durch Gefäße, die den Darm umgreifen (Abb. 9, S. 38). Kontraktil ist vor allem das Dorsalgefäß. Oft sind die Querverbindungen im vorderen Teil des Körpers zu herzartig kontraktilen Erweiterungen umgebildet (Abb. 9, S. 38). Bei den Acraniern sind vor allem die ventral der Kiemen liegenden Längsgefäße und erweiterte Abschnitte der Kiemenarterien (Bulbilli) kontraktil (Abb. 36). Sowohl bei Anneliden wie bei Acraniern werden häufig Kontraktionen auch anderer als der genannten Gefäße beobachtet. Die Fähigkeit zur peristaltischen Kontraktion ist offenbar eine verbreitete Eigenschaft von Blutgefäßen, die sich bis hin zu den Wirbeltieren erhalten hat. So sind für die Gefäße des Pfortader- und Umbili-

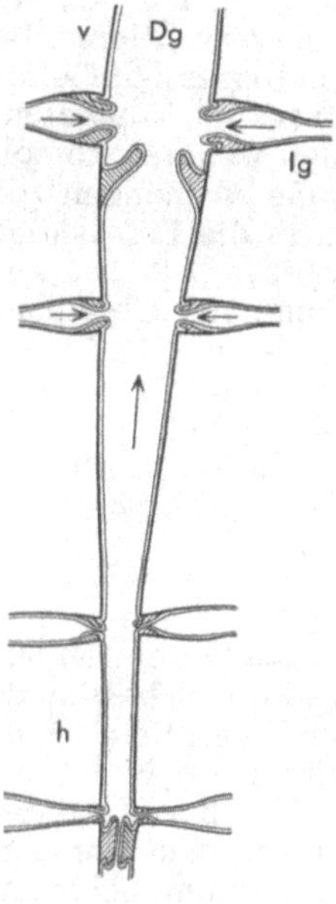

Abb. 35. Dorsalgefäß des Regenwurms *Lumbricus* mit Ventilen, eine Kontraktionswelle hat gerade das hintere Ende des gezeichneten Abschnitts erreicht (nach Johnston aus v. Buddenbrock). Dg = Dorsalgefäß, h = hinten, lg = Darmgefäß, v = vorn.

calkreislaufs bei Vogel- und Säugerembryonen peristaltische Kontraktonen beschrieben worden. Bei erwachsenen Wirbeltieren kommt dieses Phänomen wohl nicht mehr vor; eine Ausnahme bilden die Flughautvenen der Fledermäuse, die mit einer Frequenz von 8—16/min pulsieren. Die Herzen der Arthropoden, Mollusken, Tunicaten und Wirbeltiere sind spezialisierte Gefäßabschnitte, deren Kontraktion von der ursprünglichen Peristaltik abgeleitet ist.

Bei den meisten Wirbeltieren ist das Herz der einzige Motor des Kreislaufs; bei dem Schleimaal *Myxine* (Agnatha) kommen noch paarige Kaudalherzen in der Schwanzspitze und ein Portalherz im Pfortaderkreislauf hinzu. Das Herz der Fische besteht aus vier Abteilungen (Abb. 37). Die erste (Sinus venosus) ist der Sammelraum für das aus dem Körper zurückkehrende Blut, die letzte (Conus arteriosus) Träger von Ventilen. Die Unterteilung in Vorkammer (Atrium) und Kammer (Ventrikel) ist erforderlich, weil der geringe Druck des zum Herzen strömenden Blutes nicht ausreichen würde, die kräftige Muskulatur der Kammer zu dehnen. Das Herz der Amphibien besitzt eine ähnliche Unterteilung, doch sind zwei Atrien vor-

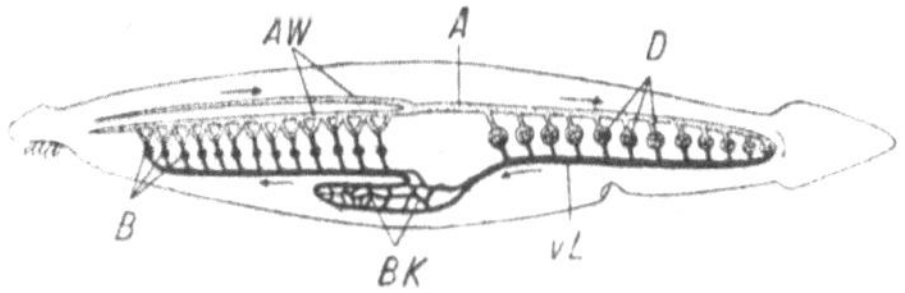

Abb. 36. Lanzettfischchen *Branchiostoma*, Schema des Blutkreislaufs (nach Kühn). A = Aorta, AW = Aortenwurzeln, B = Bulbilli, BK = Kapillaren des Darmblindsacks, D = Darmkapillaren, vL = ventrales Längsgefäß

handen (Abb. 38). Am Herzen der Reptilien sind Sinus und Conus rückgebildet, die Vorkammer ist vollständig, die Kammer unvollständig längsgeteilt. Bei

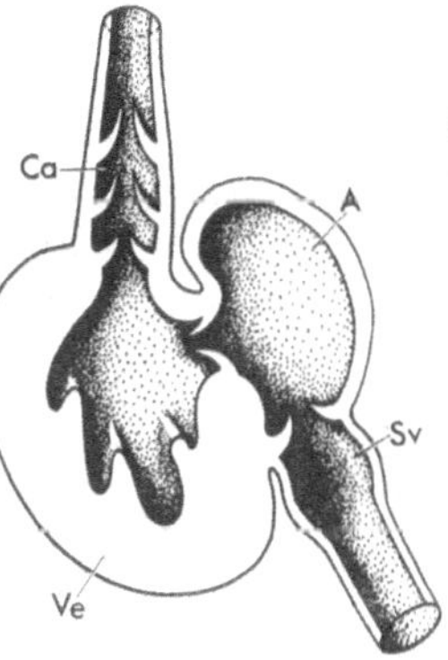

Abb. 37. Schema des Fischherzens (nach Portmann, (verändert). A = Atrium, Ca = Conus arteriosus, Sv = Sinus venosus, Ve = Ventrikel.

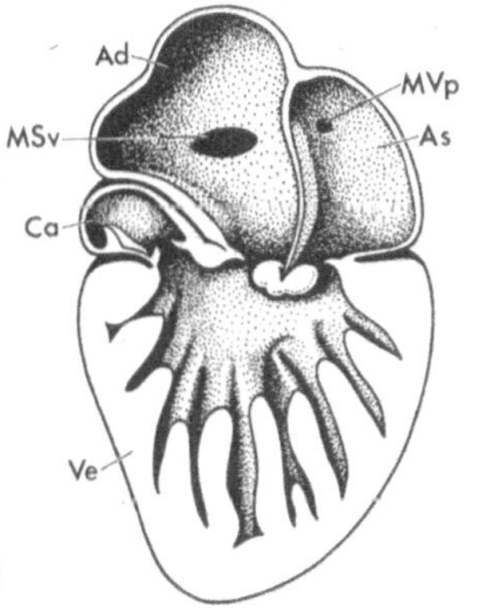

Abb. 38. Froschherz, Blick in die dorsale Hälfte (nach Portmann). Ad = rechtes Atrium, As = linkes Atrium, Ca = Conus arteriosus, MSv = Mündung des Sinus venosus, MVp = Mündung der Lungenvene, Ve = Ventrikel.

den Vögeln und Säugetieren ist auch die Teilung der Kammer vollendet (Abb. 39). Das Blutgefäßsystem der Wirbeltiere enthält zahlreiche Ventile:

zwischen Sinus und Atrium, zwischen Atrium und Ventrikel, zwischen Ventrikel und Arterien sowie in den großen Venenstämmen.

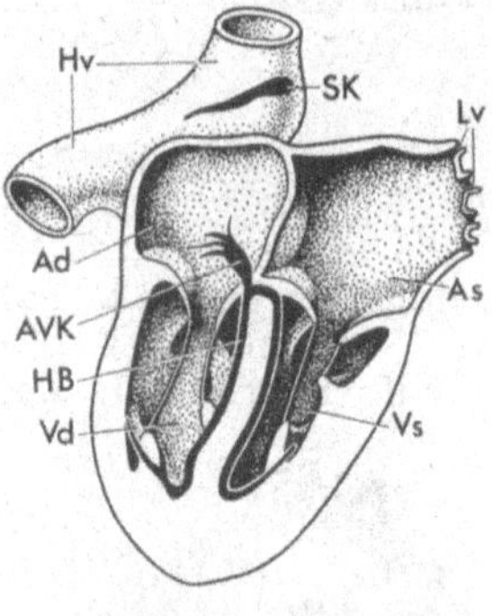

Abb. 39. Herz des Menschen, Blick in die dorsale Hälfte (nach Schneider, verändert). Ad = rechtes Atrium, As = linkes Atrium, AVK = Atrio-ventricular-Knoten, HB = His-sches Bündel, Hv = Hohlvenen, Lv = Lungenvenen, SK = Sinusknoten, Vd = rechter Ventrikel, Vs = linker Ventrikel.

Die Längsteilung des Herzens bei den luftatmenden Wirbeltieren dient der Trennung von O_2-reichem und O_2-armem Blut. Das Herz der Fische ist den Kiemen vorgeschaltet, es empfängt nur O_2-armes Blut. Bei den Amphibien erhält die linke Vorkammer O_2-reiches Blut von den Lungen, in die rechte strömt aus dem Sinus vor allem das O_2-arme Blut der Körpervenen, aber auch O_2-reiches Blut aus den Hautvenen. Da die Ventrikelwand innen zahlreiche Falten aufweist (Abb. 38), wird auch hier das O_2-reiche Blut (links) und das O_2-arme Blut (rechts) getrennt gehalten. Die Ventrikelkontraktion setzt rechts früher ein als links; so wird anfangs O_2-armes, später O_2-reiches Blut aus dem Herzen ausgestoßen. Ventileinrichtungen im Conus sorgen dafür, daß Lunge und Haut durch die Arteria pulmo-cutanea bevorzugt O_2-armes, die Kopf- und Körperarterien (A. carotides, Aorta) bevorzugt O_2-reiches Blut erhalten. Bei den Reptilien, Vögeln und Säugern wird durch die Längsteilung des Ventrikels eine noch bessere Trennung der beiden Blutsorten erreicht. Das Blut strömt bei Vögeln und Säugetieren aus dem rechten Herzen durch die Lunge, von dort durch das linke Herz in den Körper und zurück zum rechten Vorhof. Es ist also nicht richtig, einen „großen" (Körper-) und einen „kleinen" (Lungen-)Kreislauf zu unterscheiden; es handelt sich um nur einen geschlossenen Kreislauf, in den allerdings an zwei Stellen das Herz eingeschaltet ist.

Das Herz ist eine diskontinuierlich arbeitende Pumpe. Wären die Blutgefäße starre Rohre, so würde während der Ventrikelkontraktion (Systole) der Blutdruck hohe Werte erreichen, während der Erschlaffung (Diastole) würde der Blutdruck auf Null sinken und die Blutströmung stillstehen. In Wirklichkeit aber sinkt der Blutdruck niemals auf Null und die Strömung in den dem Stoffaustausch dienenden feinsten Verzweigungen des Gefäßsystems, den Kapillaren, ist kontinuierlich. Dieser sogenannte Windkesseleffekt beruht auf der Elastizität der großen Arterien. Ein Teil der vom Herzen erzeugten Energie wird während der Systole unter Dehnung der Arterienwand als elastische Energie gespeichert, während der Diastole wieder abgegeben. Die Dehnung der Arterienwand wandert als Pulswelle über die Arterien hinweg und verebbt schließlich in den feineren Gefäßverzweigungen. Die Fortpflanzungsgeschwindigkeit dieser Pulswelle ist nur abhängig von der Elastizität der Arterienwand und stets höher als die Strömungsgeschwindigkeit des Blutes (beim Menschen z. B. 4—6 m/sec gegenüber einer Strömungsgeschwindigkeit von 0,2 bis 0,6 m/sec).

Die Tätigkeit des Säugerherzens wird durch die Wiedergabe der Druckverhältnisse in den einzelnen Herzabteilungen (s. Abb. 40) gut beschrieben. Für die Füllung der Vorhöfe und der Kammern sind die Bewegungen der Atrio-ventricularebene (Ventilebene) von größter Bedeutung. Der Druck des zum Herzen strömenden Blutes ist sehr gering; die Füllung der Vorhöfe wird vor allem dadurch bewirkt, daß der sich

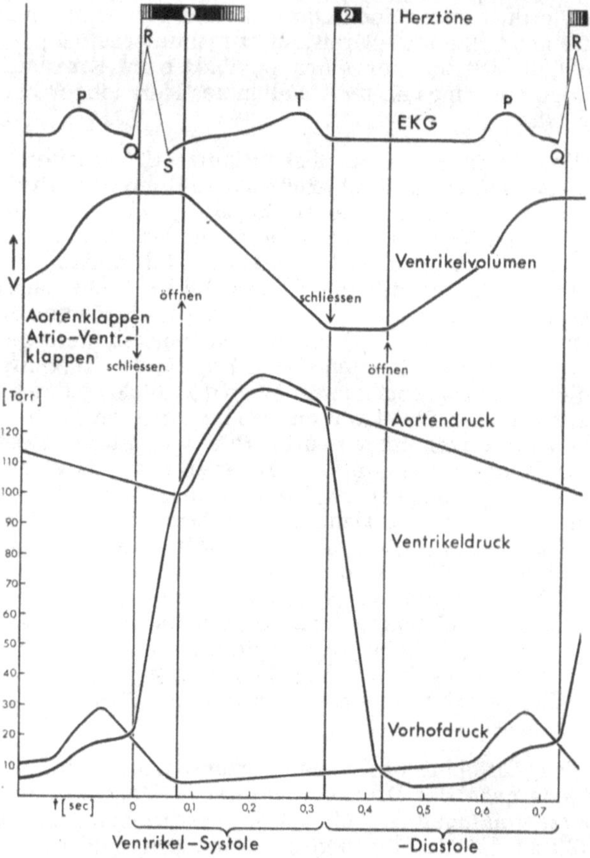

Abb. 40. Die zeitlichen Beziehungen verschiedener während eines Herzcyclus registrierter Größen (nach Schütz, verändert).

kontrahierende Ventrikel die Ventilebene herzspitzenwärts zieht. Die rückläufige Bewegung der Ventilebene während der Kammerdiastole hat zur Folge, daß die Füllung der Kammer schon weitgehend abgeschlossen ist, wenn die Vorhofsystole einsetzt (s. Kurve Ventrikelvolumen in Abb. 40). Erst bei verstärkter Herztätigkeit gewinnt die Vorhofsystole an Bedeutung. In dem starrwandigen Pericard der Fische entsteht während der Kammersystole ein Unterdruck, der das Blut in den Vorhof einströmen läßt. Die Bewegung der Herzventile erfolgt im wesentlichen passiv durch die Druckverteilung im Herzen (s. Abb. 40). Solange der Druck im Ventrikel kleiner ist als in der Aorta bzw. A. pulmonalis, sind die Semilunarklappen zwischen Ventrikel und Aorta bzw. A. pulmonalis geschlossen, die Kammer kontrahiert sich, ohne Blut auszustoßen (Anspannungsphase). In diese Phase fällt der 1. (dumpfe) Herzton; der 2. (scharfe) Herzton bezeichnet den Augenblick, in dem die Semilunarklappen der Aorta schließen. Das Elektrokardiogramm (EKG) ist ein Ausdruck der Erregungsvorgänge im Herzen; es sieht bei allen Wirbeltieren ähnlich aus. Die verschiedenen Spitzen des EKG können der Vorhofsystole (P) und Ventrikelsystole (Q—T) zugeordnet werden.

Die Frequenz des Herzschlags ist entsprechend der relativen Stoffwechselintensität bei den wechselwarmen Wirbeltieren im allgemeinen niedriger als bei den Warmblütern und abhängig von der Körpergröße und anderen Faktoren (s. S. 23). So findet man z. B. beim Aal eine Herzfrequenz von 10—16, beim Frosch von 30—40/min, bei den Vögeln und Säugetieren Werte von 25/min (Elephant) bis zu 1000/min (kleine Vögel und Säugetiere). Auch der Blutdruck ist bei den Wechselwarmen niedriger als bei den Warmblütern: Dornhai systolisch/diastolisch = 30/15Torr, Mensch 120/80, Sperling 180/140.

Jede Herzabteilung des Menschen fördert bei jedem Schlag in der Ruhe etwa 70 ml Blut (Schlagvolumen V_S), bei 70 Schlägen pro Minute also etwa 5 l Blut/min (Minutenvolumen V_{min}). Der mittlere Blutdruck in der Aorta beträgt P_a = 100 Torr = 130 g/cm², in der Lungenarterie etwa P_p = 15 Torr = 20 g/cm². Aus diesen Daten läßt sich die Herzarbeit berechnen:

$$\begin{aligned} \text{Herzarbeit} &= (V_S \cdot P_a) + (V_S \cdot P_p) \\ &= (70 \cdot 130) + (70 \cdot 20) \\ &= 10\,500 \text{ g} \cdot \text{cm/Herzschlag} \\ &= 10\,000 \text{ mkg/Tag} \\ &= 25 \text{ kcal/Tag.} \end{aligned}$$

Da nur etwa 20 % der im Herzmuskel umgesetzten chemischen Energie der Nährstoffe in mechanische Arbeit verwandelt werden können (Wirkungsgrad 20 %), hat das Herz eine Stoffwechselintensität von 125 kcal/Tag, das sind etwa 7 % des Ruhestoffwechsels von 1800 kcal/Tag. Es entfällt also ein sehr beträchtlicher Teil des gesamten Stoff- und Energieumsatzes auf das Herz. Dementsprechend ist der Herzmuskel besonders bei den Vögeln und Säugern reich mit Blutgefäßen versorgt (Herzkranz- oder Coronargefäße); bei den niederen Wirbeltieren trägt auch der Blutinhalt des Herzens zur Ernährung des Herzmuskels bei.

Das vom Herzen ausgeworfene Blut wird auf das System der Arterien verteilt, die sich in Gefäße immer kleineren Durchmessers aufspalten. Nur in den feinsten Verzweigungen, den Kapillaren (Durchmesser etwa 5—8 μ), findet der Stoffaustausch statt. Das Blut gelangt dann in die Venen, die sich zu Gefäßen immer größeren Durchmessers vereinigen und das Blut zum Herzen zurückführen. Es existieren also zahlreiche parallele Strombahnen im Körper, ja in jedem Organ (Abb. 41), eine Tatsache, die für das Verständnis der Regulation der Blutverteilung im Körper von großer Bedeutung ist (s. S. 108). Der Gesamtquerschnitt aller

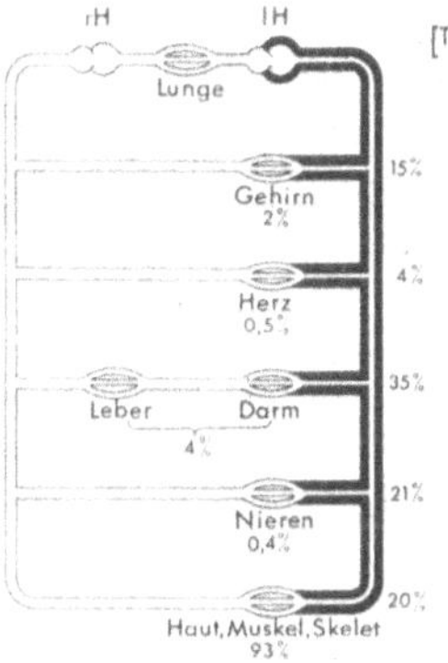

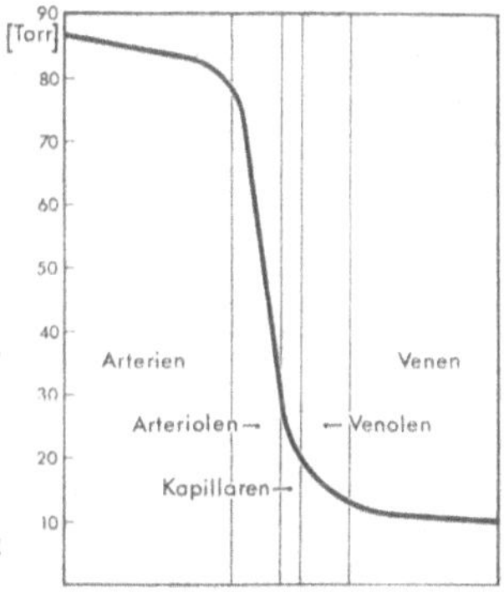

Abb. 41. Der Anteil der einzelnen Organe am Gesamtgewicht (Zahlen unter den Organbezeichnungen) und am Minutenvolumen des Blutkreislaufs (rechte Zahlenreihe) beim Menschen (nach Schneider, verändert). lH = linkes Herz, rH = rechtes Herz.

Abb. 42. Der Druckabfall im Körperkreislauf des Menschen (nach Schneider, verändert).

Kapillaren des Körpers ist fast 1000mal größer als der Querschnitt der Aorta; dementsprechend ist die Strömungsgeschwindigkeit in den Kapillaren sehr klein (etwa 0,5 mm/sec). Die zur Erzeugung einer Stromstärke $\frac{V}{t}$ erforderliche Druckdifferenz ΔP ist jedoch umgekehrt proportional der 4. Potenz des Radius r:

$$\Delta P = \frac{V}{t} \cdot \frac{8}{\pi} \cdot \eta \cdot L \cdot \frac{1}{r^4} \qquad (9)$$

(Hagen-Poiseuille'sches Gesetz; L = Länge des Rohres; η = Viskosität der Flüssigkeit). Dementsprechend ist der größte Teil des vom Herzen zu überwindenden Strömungswiderstandes (peripherer Widerstand) in den Kapillaren lokalisiert, hier erfolgt der stärkste Druckabfall (Abb. 42).

Regulatorische Mechanismen können in einem geschlossenen Kreislaufsystem an zwei Stellen angreifen, am Herzen und an den Gefäßen. Auch das isolierte Wirbeltierherz vermag auf Vermehrung des venösen Blutangebots mit Erhöhung des Schlagvolumens zu antworten (Selbststeuerung des Herzens). Im Verbande des Körpers ist das Herz jedoch ständig zugleich fördernden und hemmenden, nervösen und hormonalen Einflüssen unterworfen, deren Gleichgewicht über die Herztätigkeit entscheidet. Die parasympathischen Herznerven (Äste des N. vagus) wirken frequenzvermindernd, die sympathischen (Nn. accelerantes) frequenzerhöhend und leistungssteigernd. Bei beiden wird eine Überträgersubstanz an den Nervenendigungen freigesetzt; der Vagusstoff ist das Acetylcholin, der Sympathicusstoff ein Gemisch von Adrenalin und Noradrenalin von ähnlicher Zusammensetzung wie das Hormon des Nebennierenmarks.

Während durch regulatorische Beeinflussung der Herztätigkeit vor allem das Minutenvolumen verändert wird, bewirken die an den Gefäßen angreifenden Mechanismen die Regulation der Blutverteilung auf die einzelnen Organe entsprechend deren Bedarf. Unter dem Einfluß sympathischer Nerven (Vasokonstriktoren) bzw. des Sympathicusstoffes und Nebennierenmark-Hormons erfolgt Kontraktion der glatten Muskulatur in der Wand besonders der kleineren Arterien und Arteriolen sowie Verschluß von Kapillaren. Da die Gefäße in tätigen Organen gegenüber diesen Einflüssen weniger empfindlich sind, kommt es bei einer allgemeinen Erhöhung des Erregungsniveaus im sympathischen Nervensystem (Erhöhung des Sympathicotonus) zu einer Verengung der Gefäße und Verminderung der Durchblutung nur in den nicht aktiven Organen (kollaterale Vasokonstriktion), in den aktiven Parallelkreisläufen demgemäß zu einer Vermehrung der Durchblutung. Bei allen regulatorischen Veränderungen des Kreislaufs wird der Blutdruck durch eigene Regulationsmechanismen weitgehend konstant gehalten.

In den Kapillaren steht dem Blut eine gewaltige Austauschoberfläche zur Verfügung. Beim Hund findet man in jedem Muskelquerschnitt 260 000 Kapillaren von 5—8 μ ⌀ pro cm^2; daraus errechnet sich eine Austauschoberfläche von etwa 600 cm^2/g Muskel. Der Stoffaustausch erfolgt vor allem durch Diffusion; daneben findet ein Flüssigkeitsaustausch durch die Kapillarwand statt. Am arteriellen Ende der Kapillare übertrifft der Blutdruck den kolloidosmotischen Druck des Blutplasmas und kann daher Flüssigkeit durch die eiweißundurchlässige Kapillarwand hindurchpressen; bis zum venösen Ende ist der Blutdruck soweit abgesunken, daß der kolloidosmotische Druck überwiegt und Flüssigkeit in die Kapillare einströmt. Ein eventueller Flüssigkeitsüberschuß gelangt durch die Wand der Lymphkapillaren hindurch in das Lymphge-

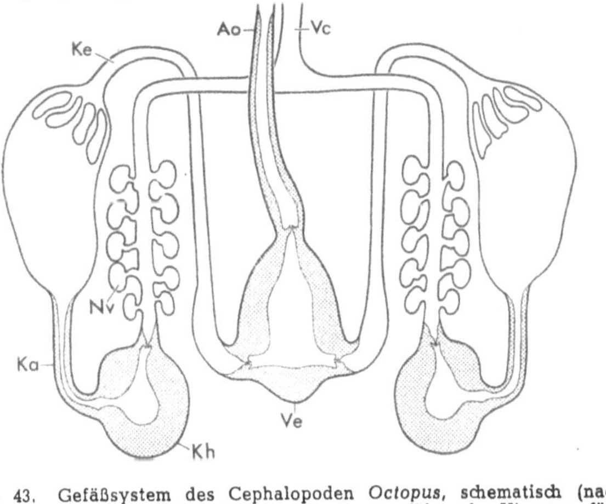

Abb. 43. Gefäßsystem des Cephalopoden *Octopus*, schematisch (nach Johansen u. Martin). Ao = Aorta, Ka = zuführendes Kiemengefäß, Ke = abführendes Kiemengefäß, Kh = Kiemenherz, Nv = Nierenvenen, Vc = Vena cava cephalica, Ve = Ventrikel.

fäßsystem. Dieses steht bei allen Wirbeltieren mit Venen des Blutgefäßsystems in offener Verbindung. Die Bewegung der Lymphe erfolgt durch den Druck der einströmenden Gewebsflüssigkeit; bei Fischen, Amphibien, Reptilien und einigen Vögeln sind Lymphherzen vorhanden.

In dem fast vollständig geschlossenen Gefäßsystem der Cephalopoden (Abb. 43) sind mehrere Abschnitte an der Bewegung des Blutes aktiv beteiligt: der Ventrikel, die Kiemenherzen, die Kiemengefäße und die Gefäße der Nierenanhänge. Die Synchronisation dieser verschiedenen kontraktilen Abschnitte erfolgt sowohl mechanisch wie auch auf nervösem Wege. Die mechanische Synchronisation kommt dadurch zustande, daß die durch den Zustrom von Blut bewirkte Dehnung eines Gefäßabschnittes dessen Kontraktion auslöst. Außerdem sind offenbar koordinierend und regulierend wirkende Nerven vorhanden. Der Blutdruck in der Aorta beträgt systolisch etwa 45, diastolisch etwa 30 Torr; auch hier gibt es also einen Windkesseleffekt.

β) Offene Blutkreisläufe

Die Physik der offenen und geschlossenen Blutkreisläufe ist grundverschieden. Ein Tier mit einfachem,

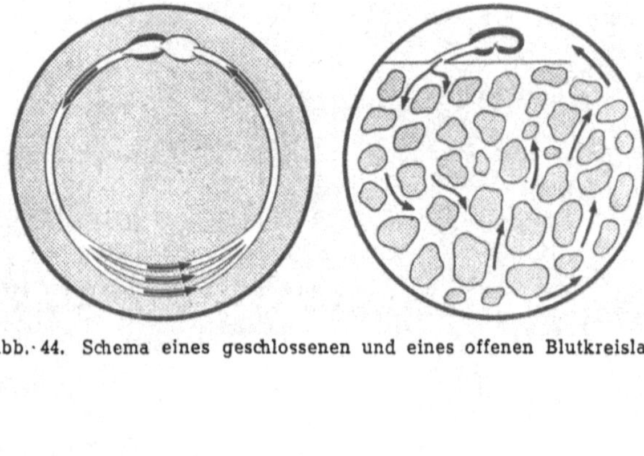

Abb. 44. Schema eines geschlossenen und eines offenen Blutkreislaufs.

offenen Blutkreislauf, z. B. ein Insekt, kann man in erster Näherung als einen flüssigkeitsgefüllten Hohlkörper mit starrer Wandung beschreiben, der ein kontraktiles, säckchenförmiges Herz enthält (Abb. 44). Es ist deutlich, daß Kontraktion des Herzens hier zwar zu Strömungen, nicht aber zu nennenswerten Druck-

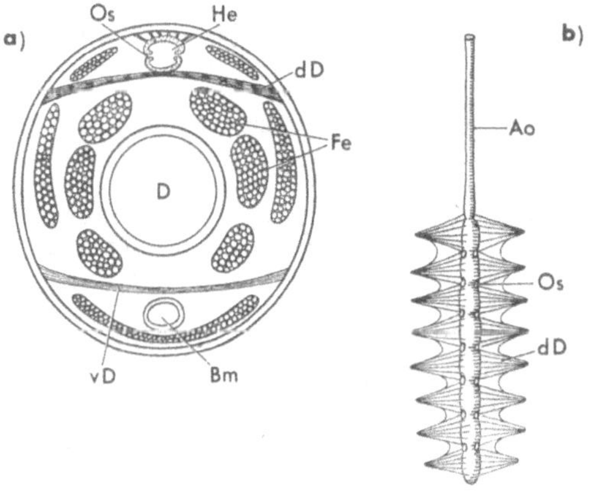

Abb. 45. a) Schematischer Querschnitt durch das Abdomen eines Insekts; b) Dorsalansicht des Insektenherzens (nach Weber). Ao = Aorta, Bm = Bauchmark, D = Darm, dD = dorsales Diaphragma (Pericardialseptum) mit Flügelmuskeln, Fe = Fettkörper, He = Herz, Os = Ostien, vD = ventrales Diaphragma.

differenzen in der Flüssigkeit führen wird. Daß in Wirklichkeit der größte Teil der Leibeshöhle von Gewebe erfüllt ist, ändert das Bild nicht. Freilich ist bei den Arthropoden, vor allem aber bei den Tunicaten und Mollusken die Körperwand nicht starr; Bewegungen der Körperwand erzeugen u. U. beträchtliche Drucke und Druckschwankungen im flüssigen Inhalt der Leibeshöhle, die jedoch nichts mit der Tätigkeit des Herzens zu tun haben.

Offene Blutkreisläufe unterscheiden sich also von geschlossenen in folgenden Eigenschaften: Die Differenz zwischen systolischem und diastolischem Blutdruck (Blutdruckamplitude) ist klein, der periphere Widerstand ist niedrig, dementsprechend die Herzarbeit gering. Da es im Kreislaufsystem kaum Druckdifferenzen gibt, muß das Herz durch Erweiterung gefüllt werden. Das Blut strömt nicht kontinuierlich; der Weg des Blutes ist weniger festgelegt. Die Bedingungen des Stoffaustauschs sind wegen der kleineren Austauschoberfläche schlechter. Regulatorische Mechanismen können nur am Herzen angreifen und nur das Minutenvolumen, kaum die Blutverteilung verändern. Als Transportmechanismus erfordert der offene Kreislauf weniger Energieaufwand, ist aber auch weniger leistungsfähig. Offene Kreisläufe finden sich daher vor allem bei Tieren mit trägem Stoffwechsel; die einzige Ausnahme, die Insekten, verfügen in ihren Tracheen über ein vom Kreislauf unabhängiges Transportsystem für die Atemgase.

Dem entworfenen Bilde entspricht am besten der Kreislauf der Insekten. Das Herz ist hinten blind geschlossen; durch seitliche Öffnungen mit Ventilen (Ostien) strömt das Blut ein, durch eine kurze unverzweigte Aorta aus; weitere Gefäße sind meist nicht vorhanden (Abb. 45 b). Das Herz ist zwischen der dorsalen Körperwand und dem oft muskulösen Pericardialseptum an elastischen Fasern aufgehängt (Abb. 45 a); in der Diastole bewirken der elastische Zug der Fasern und die Kontraktion des Septums die Erweiterung und Füllung des Herzens. Bei vielen der übrigen Arthropoden, besonders bei dem „Pfeilschwanzkrebs" *Limulus* und den decapoden Crustaceen gehen vom Herzen verzweigte Gefäße aus. Hier sind Blutdruckamplitude und Herzarbeit größer; auch ein Windkesseleffekt ist möglich. Das Kreislaufsystem der Tunicaten ist sehr einfach; die vom Herzen ausgehenden Gefäße sind nur schwach verzweigt. Das schlauchförmige Herz hat die merkwürdige Eigenschaft, die Richtung seiner peristaltischen Kontraktionen rhythmisch zu wechseln.

Eigentümliche Verhältnisse liegen bei den Muscheln, besonders aber bei den Schnecken vor. Hier liegt das Herz in der Wand der Mantelhöhle, also außerhalb des von der muskulösen Körperwand gebildeten Druckkörpers (Abb. 46, s. auch Abb. 7, S. 36). Es muß also recht hohe Drucke erzeugen (bei der Weinbergschnecke *Helix* z. B. bis 12 Torr), um das Blut in die Leibeshöhle zu bringen. Dafür hat das aus der Leibeshöhle zum Herzen zurückströmende Blut genügend Druck, um das Herz zu dehnen. Das Herz besteht aus ein oder zwei Vorkammern und der unpaaren Kammer. Bei *Helix* schließt die Atrioventriculargrenze an die starre Wand des Pericards dicht an und wirkt wie der Stempel einer Pumpe, so daß die Ventrikelsystole die Füllung des Vorhofs erleichtert und umgekehrt (Abb. 7, S. 36).

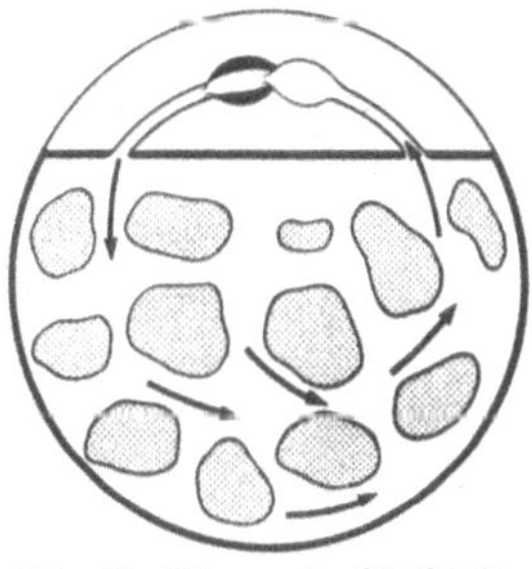

Abb. 46. Schema des Blutkreislaufs der Muscheln u. Schnecken.

3. *Herzautomatismus*

Alle Herzen sind auch nach Herauslösen aus dem Körper zu rhythmischer Tätigkeit fähig; die hierzu erforderliche rhythmische Erregung muß also im Herzen selbst gebildet werden (Automatismus). Die Erregung entsteht gewöhnlich an einer bestimmten Stelle des Herzens (Schrittmacher) und breitet sich von dort über den Herzmuskel aus. Oftmals besitzen jedoch auch andere Stellen des Herzens die Fähigkeit zur Erregungsbildung (sekundäre Schrittmacher), die sich aber erst auswirken kann, wenn der primäre Schrittmacher ausgeschaltet ist. Die Lokalisation der Schrittmacher gelingt durch chirurgische Ausschaltung einzelner Herzteile oder durch lokale Erwärmung oder Abkühlung, die nur dann zu einer Änderung der Herzfrequenz führt, wenn sie den Schrittmacher erfaßt.

Die zelluläre Basis der Erregungsbildung können Nervenzellen des Herzmuskels (neurogene Herzen) oder Muskelzellen (myogene Herzen) sein. Für die Entscheidung zwischen diesen beiden Möglichkeiten sind elektrophysiologische und pharmakologische Methoden heranzuziehen; der histologische Befund reicht im allgemeinen nicht aus, da auch myogene Herzen oft Nervenzellen enthalten. Das Elektrokardiogramm zeigt bei den neurogenen Herzen zahlreiche, spitze Zacken, bei den myogenen Herzen wenige langsame Wellen (Abb. 47). Das Acetylcholin hat bei den

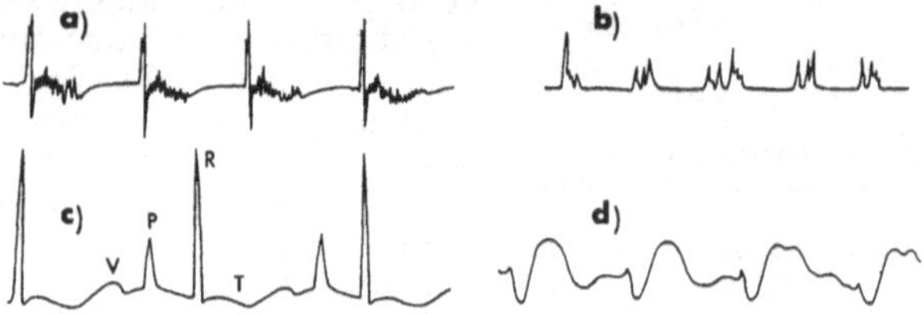

Abb. 47. Elektrokardiogramme neurogener (a—b) und myogener (c—d) Herzen (nach P r o s s e r): a) *Limulus*; b) Flußkrebs; c) Frosch; d) Teichmuschel. V = Aktivität des Sinus venosus; P = Aktivität der Vorhöfe; R—T = Aktivität der Kammer.

neurogenen Herzen frequenzerhöhende, bei den myogenen Herzen frequenzvermindernde oder auch gar keine Wirkung. Neurogen sind die Herzen der meisten Arthropoden, myogen die der Wirbeltiere, Mollusken und wohl auch Tunicaten.

Das klarste Beispiel eines neurogenen Herzens findet man bei dem „Pfeilschwanzkrebs" Limulus, dessen großes Herz einen dorsalen Nervenstrang mit zahlreichen Nervenzellen und zwei seitliche Nerven trägt (Abb. 48). Zerstörung des mittleren Stranges läßt das Herz stillstehen; lokale Erwärmung führt zur stärksten Frequenzerhöhung in jenem Bereich des mittleren Stranges, in dem eine Gruppe besonders großer Ner-

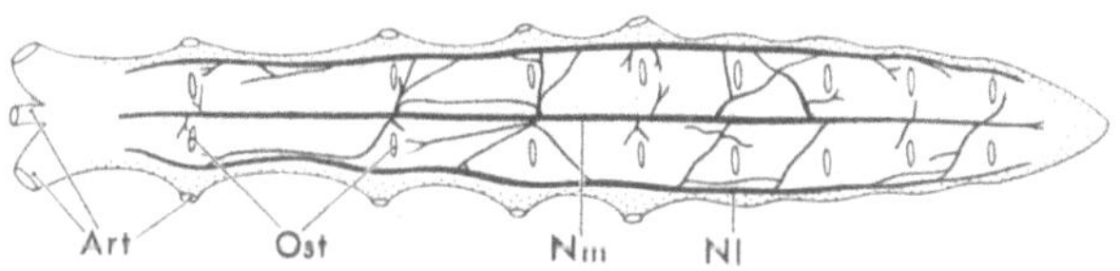

Abb. 48. Dorsalansicht des Herzens von *Limulus* (nach C a r l s o n). Art = vordere und seitliche Arterien, Nl = lateraler Nervenstrang, Nm = medianer Nervenstrang, Ost = Ostien.

venzellen liegt; Acetylcholin wirkt frequenzsteigernd. Die Erregungsbildung erfolgt offenbar in den erwähnten großen Nervenzellen, die Fortleitung der Erregung durch den mittleren und die seitlichen Nerven.

Bei den F i s c h e n und A m p h i b i e n liegt der primäre Schrittmacher im Sinus venosus. Verhindert man durch eine fest zugezogene Fadenschlinge die Erregungsleitung vom Sinus zu den Atrien (1. Stannius'sche Ligatur), so schlägt der Sinus im alten Rhythmus weiter, Vorhöfe und Kammern bleiben stehen. Diese können allerdings unter dem Einfluß eines sekundären Schrittmachers an der Atrio-ventrikular-Grenze einen eigenen, langsameren Rhythmus aufnehmen. Bei den S ä u g e t i e r e n , die keinen Sinus mehr besitzen, liegt der primäre Schrittmacher (Sinusknoten) in der Wand des rechten Vorhofs; er besteht aus protoplasmareichen Herzmuskelfasern. Die im Sinusknoten gebildete Erregung wird durch die Vorhofmuskulatur auf den Atrio-ventricular-Knoten an der Vorhof-Kammer-Grenze übertragen. Von diesem geht ein spezielles Leitungssystem aus, das His'sche Bündel, das die Erregung zur Kammermuskulatur weiterleitet (Abb. 39, S. 102).

V. Exkretion, Wasser- und Mineralhaushalt

„Unter Exkretion versteht man die Entfernung schädlicher oder unnützer Stoffe aus dem Getriebe des lebenden Organismus" (v. Buddenbrock 1928). Aus dieser Definition ergeben sich die beiden Kardinalfragen der Exkretionsphysiologie, die Frage nach der chemischen Natur der zu entfernenden Stoffe und die Frage nach den Mechanismen ihrer Beseitigung. Schädlich oder unnütz sind nicht nur Stoffe, die im Stoffwechselgeschehen keine Funktion ausüben, wie Abfallprodukte des Stoffwechsels (Exkrete im engeren Sinne) und Fremdsubstanzen (z. B. Pharmaka), sondern auch Überschüsse sonst nützlicher Substanzen, wie Nährstoffe, Wasser und Salze. Insofern ist der Wasser- und Mineralhaushalt mit der Exkretion untrennbar verknüpft. Nach der oben gegebenen Definition müßte auch die Beseitigung des CO_2 hier behandelt werden; aus didaktischen Gründen wird sie jedoch besser unter dem Stichwort „Atmung" beschrieben. Die Zahl schädlicher oder unnützer Stoffe im obengenannten Sinne ist im Prinzip unbegrenzt; von besonderer Bedeutung sind jedoch die stickstoffhaltigen Exkrete (s. S. 16).

a) Die Exkretion des Stickstoffs

Den größten Teil des Exkret-N machen die beim Abbau der Proteine gebildeten Stickstoffverbindungen aus; ein kleiner Teil stammt aus dem Abbau der Nucleinsäuren und anderer N-Verbindungen des Körpers. Einige Tiere scheiden einen Teil des Protein-N in Form von Aminosäuren aus (Echinodermen, Mollusken, Crustaceen); dies ist jedoch ein unökonomisches Verfahren, da so der Energiegehalt der Aminosäuren unausgenutzt bleibt. Primäres Produkt des Aminosäurestoffwechsels ist das Ammoniak; direkte Ausscheidung dieser sehr giftigen Substanz ist jedoch nur möglich, wenn große Wassermengen zu ihrer Verdünnung zur Verfügung stehen; fast alle Wassertiere haben Ammoniak als Endprodukt ihres Proteinstoffwechsels (ammonotelische Tiere).

Bei den übrigen Tieren wird der Eiweiß-N in weniger giftige Verbindungen eingebaut, von denen Harnstoff und Harnsäure die wichtigsten sind. Die komplizierten Prozesse der Exkretsynthese, durch die der Amino-N der Aminosäuren in Harnstoff oder Harnsäure überführt wird, können hier nicht geschildert werden. Harnstoff ist gut wasserlöslich, bei seiner Anreicherung im Harn entstehen daher beträchtliche osmotische Drucke. Die im Harn erreichte Harnstoffkonzentration wird bestimmt durch die zur Verfügung stehende Wassermenge und die Fähigkeit des Tieres, Harn hohen osmotischen Druckes zu bilden. Die höchsten Konzentrationen findet man dementsprechend bei Wüstensäugern, deren Harn bis zu 22 % Harnstoff enthalten kann. Tiere mit Harnstoff als wichtigstem Endprodukt des Proteinstoffwechsels (ureotelische Tiere) sind vor allem die Amphibien und Säuger, ferner viele Schildkröten und Regenwürmer. Bei den Amphibien, die als Larven aquatisch, als ausgewachsene Tiere überwiegend terrestrisch leben, ist die Kaulquappe ammonotelisch, das erwachsene Tier ureotelisch. Die afrikanischen Lungenfische der Gattung *Protopterus*, die in zeitweilig ausgetrockneten Flüssen leben, sind während der Trockenperiode ureotolisch, sonst ammonotelisch.

Die Harnsäure erzeugt infolge ihrer geringen Löslichkeit keine hohen osmotischen Drucke; sie kann daher fast ohne Wasser in Form einer trockenen Paste abgegeben werden. Uricotelisch, d. h. harnsäure-ausscheidend, sind vor allem Tiere, die unter Bedingungen des Wassermangels leben: Insekten und Tausendfüßler, terrestrische Pulmonaten, Eidechsen, Schlangen und Vögel. Bei vielen Spinnentieren ist das charakteristische N-Exkret die Purinbase Guanin. Harnsäure und Purinbasen sind ihrer geringen Löslichkeit wegen auch allein zur vorübergehenden oder dauernden Exkretspeicherung geeignet.

Die in den Nucleinsäuren enthaltenen Purine Adenin und Guanin werden zu Harnsäure oxydiert und entweder als solche ausgeschieden (Mensch u. a. Primaten, Vögel, Reptilien, die meisten Insekten) oder weiter abgebaut zu Allantoin (meiste Säuger), zu Harnstoff (viele Fische, Amphibien) und schließlich zu Ammoniak (Crustaceen). In vielen Fällen stimmen also die Endprodukte des Protein- und Purinstoffwechsels überein. Über das Schicksal der in den Nucleinsäuren enthaltenen Pyrimidinbasen Cytosin, Uracil und Thymin ist weniger bekannt; ihr Stickstoff kann in Harnstoff überführt werden.

b) Die Mechanismen der Exkretion

1. Exkretspeicherung

Exkretion ist nicht unbedingt gleichbedeutend mit Ausscheidung. Wo unlösliche Exkretsubstanzen anfallen, können diese auch durch Ablagerung aus dem Getriebe des Organismus entfernt werden. Die gespeicherten Exkrete können zu einem späteren Zeitpunkt ausgeschieden werden oder auch dauernd am Speicherort verbleiben. Bei vielen Insekten wird die im Fettkörper gebildete Harnsäure vorübergehend in gewöhnlichen Fettkörperzellen oder besonderen „Uratzellen" gespeichert. Harnsäureablagerung im Fettkörper kommt auch bei den Tausendfüßlern vor und soll hier definitiv sein. Die Nierensackzellen vieler Pulmonaten enthalten Harnsäurekristalle. Bei den terrestrischen Pulmonaten, z. B. der Weinbergschnecke *Helix* oder der Wegschnecke *Arion,* werden während der Winterruhe, in der die Schnecken keinen Harn produzieren, große Harnsäuremengen in den Zellen des Nierensackes gespeichert, die dann nach dem Erwachen im Frühjahr binnen weniger Tage ausgeschieden werden.

Bei den Ascidien, die keine harnbildenden Organe besitzen, gibt es Blutzellen mit Einschlüssen offenbar von Purinnatur. Diese Zellen lagern sich an bestimmten Stellen des Körpers, z. B. neben dem Darmtrakt, zusammen und bilden so mehr oder weniger scharf abgegrenzte „Speichernieren". Bei der Ascidie *Molgula* liegt neben dem Herzbeutel ein Nierensack, dessen Zellen Purine nach innen abscheiden. Diese Purinsubstanzen kristallisieren zu konzentrisch anwachsenden Massen.

Bräunlich gefärbte Zelleinschlüsse, die mit der Zeit an Menge zunehmen und daher als Exkrete gedeutet werden, sind für viele Tiere beschrieben worden. Bekannt ist das Beispiel der Moostierchen (Bryozoen), bei denen sich solche Einschlüsse in der Magenwand u. a. Organen anhäufen und diese in den sogenannten braunen Körper umwandeln. Dieser wird schließlich mitsamt den übrigen Teilen des vorderen Körperabschnitts (Polypid) abgestoßen; die hintere Körperregion (Cystid) bildet ein neues Polypid.

2. *Exkretausscheidung*

Ausscheidung von Exkreten ist durchaus nicht immer an spezifische Ausscheidungsorgane gebunden. Die Ausscheidung durch Haut und Kiemen kann die durch spezifische Exkretionsorgane an Bedeutung weit übertreffen; so werden bei Karpfen und Goldfisch 6—10mal mehr N-Verbindungen durch die Kiemen abgegeben als durch die Nieren. Drüsensekrete (z. B. Schweiß) sind oft reich an Exkreten und die Darmwand ist für manche Stoffe (z. B. Schwermetalle) der bevorzugte Ausscheidungsort.

Mit Ausnahme der Coelenteraten, Echinodermen und Tunicaten besitzen jedoch fast alle Metazoen spezifische Ausscheidungsorgane. Trotz aller Mannigfaltigkeit der Struktur lassen sich diese Organe wenigen Grundtypen zuordnen. Die Protonephridien sind einfache oder verzweigte Kanäle mit blindgeschlossenem Anfang, in dem eine Wimperflamme schlägt (Abb. 49); sie kommen z. B. bei den Plathelminthen, Nemertinen und Rotatorien vor. Ihnen sehr ähnlich sind die Solenocytenorgane mancher

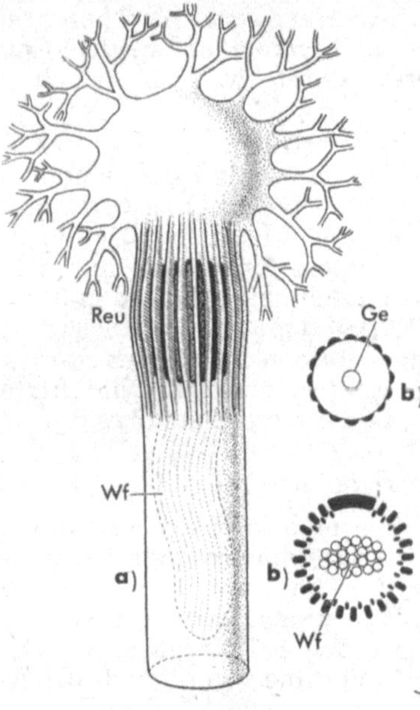

Abb. 49. Protonephridium aus der Wimperlarve (Miracidium) des großen Leberegels *Fasciola hepatica* (nach Kümmel): a) Gesamtansicht des Endorgans; b) Querschnitt durch den Reusenteil. Reu = Reusenteil, Wf = Wimperflamme.

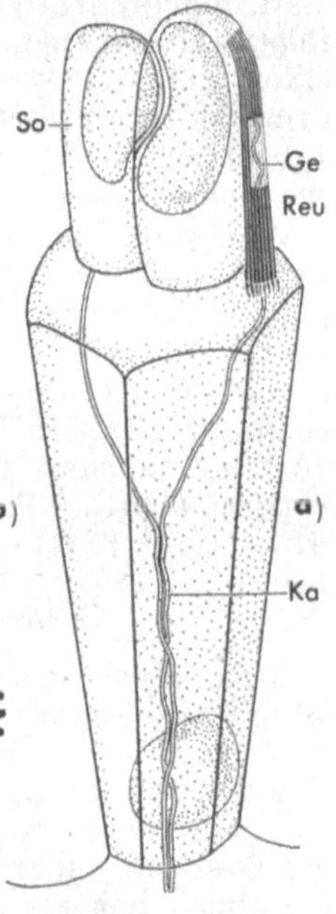

Abb. 50. Solenocytenorgan des Polychaeten *Glycera* (nach Brandenburg u. Kümmel); a) Solenocyten auf der kanalführenden Zelle; b) Querschnitt durch das Röhrchen. Ge = Geißel, Ka = Kanal, Reu = Reusenteil (Röhrchen), So = Solenocyt.

Polychaeten und des Lanzettfischchens *Branchiostoma*, deren blindgeschlossenes Terminalorgan eine Geißel trägt (Abb. 50). Die Metanephridien der Anneliden, Mollusken und Crustaceen beginnen mit einem offenen Wimpertrichter im Coelom; von diesem ist allerdings bei den Mollusken nur der das Herz umgebende Teil (Pericard), bei den Crustaceen nur ein kleines Säckchen am Anfang des Nephridialkanals (Endsäckchen) übriggeblieben (s. Abb. 7, S. 36 und Abb. 53, S. 128).

Die Baueinheit der Wirbeltierniere ist das Nephron (Abb. 51). Dieses ist ein blindgeschlossenes Rohr, in dessen Anfang (Bowman'sche Kapsel) ein Knäuel von Blutkapillaren (Glomerulus) eingesenkt ist. Das ganze aus Kapsel und Glomerulus bestehende Terminalorgan wird als Malpighi'sches Körperchen bezeichnet. Das an die Bowman'sche Kapsel anschließende Harnkanälchen (Tubulus) ist stets in mindestens zwei Hauptabschnitte differenziert, den proximalen und distalen Tubulus; im Tubulus der Vögel, vor allem aber dem der Säugetiere, liegt zwischen beiden ein langer, dünner, haarnadelförmig gebogener Teil, die Henle'sche Schleife. Eine offene Verbindung des Tubulus mit der Leibeshöhle durch einen Wimpertrichter (Nephrostom) ist in der definitiven Niere nur bei wenigen Wirbeltieren (Urodelen) erhalten. Jede Wirbeltierniere enthält Hunderte bis Tausende solcher Nephrone, die über ein System von Sammelrohren mit dem Harnleiter verbunden sind. Das Blut der Nierenarterie durchströmt zuerst die Glomeruli, dann die Kapillaren der Tubuli. Bei den Fischen (außer den Cy-

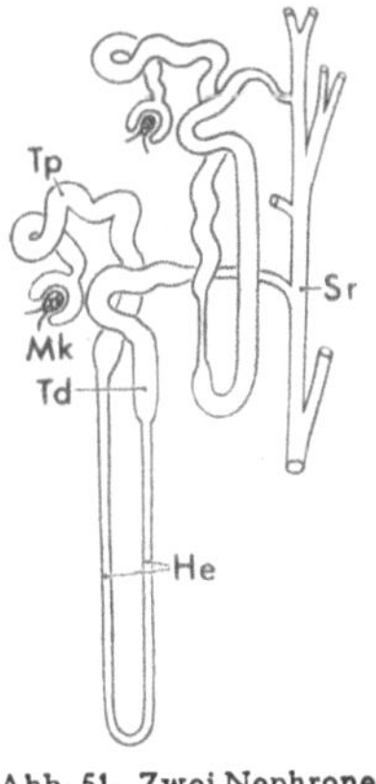

Abb. 51. Zwei Nephrone eines Säugers (nach Portmann). He = Henle'sche Schleife, Mk = Malpighi'sches Körperchen, Sr = Sammelrohr, Td = distaler, Tp = proximaler Tubulusabschnitt.

clostomen), den Amphibien und Reptilien wird das Netzwerk der Tubuluskapillaren außerdem mit venösem Blut aus der Nierenpfortader versorgt; bei den Vögeln und Säugetieren ist die Nierenpfortader rückgebildet.

Eine Sonderstellung unter den Exkretionsorganen nehmen die Malpighi'schen Gefäße ein, blindgeschlossene Röhren, die in den Darm einmünden. Sie treten als konvergente Bildungen bei den Insekten, Tausendfüßlern und Spinnentieren auf. Die beiden oft reich verzweigten Malpighi'schen Gefäße der Spinnen sind entodermaler Herkunft und münden in den hinteren Abschnitt des Mitteldarms. Die unverzweigten Malpighi'schen Gefäße der Tracheaten sind ektodermaler Herkunft und münden auf der Grenze zwischen Mittel- und Enddarm; die Tausendfüßler besitzen nur ein Paar solcher Organe, bei den Insekten kann ihre Zahl mehrere Hundert betragen.

Die von den Körperzellen abgegebenen Exkrete müssen auf ihrem Wege in den Harn stets mindestens eine Zellschicht passieren: bei den Protonephridien, den Solenocytenorganen und den Malpighi'schen Gefäßen die Wand des Exkretionskanälchens, bei den Metanephridien die Wand des Coeloms und bei den Nephronen der Wirbeltiere die Wand der Glomeruluskapillaren und der Bowman'schen Kapsel. Als Mechanismen des Stofftransports durch diese Zellschichten kommen folgende in Frage: Die Diffusion kann, entsprechend der Richtung des Konzentrationsgefälles, Stoffe sowohl in den Harn hinein wie auch aus diesem heraus transportieren. Ebenso kann der aktive Transport unter Beteiligung von Zellenergie in beiden Richtungen wirken (Sekretion bzw. Resorption), auch gegen ein Konzentrationsgefälle und mit größerem Auswahlvermögen. Besteht zwischen der Umgebung des Exkretionsorgans und dessen Inhalt ein hydrostatisches Druckgefälle, so kann Flüssigkeit in das Organ hineingepreßt werden (Filtration). Man muß erwarten, daß der Filtration dienende Strukturen der Flüssigkeitsströmung nur geringen Widerstand entgegensetzen. Diese Strukturen sind daher nicht nur durchlässig für Wasser und Substanzen kleiner Molekülgröße, sondern selbst für Stoffe höheren Molekulargewichts, wie das Polysaccharid Inulin, das die normalen Zellmembranen offenbar weder durch Diffusion noch durch aktiven Transport passieren kann. Undurchlässig sind die Strukturen jedoch offenbar stets für größere Eiweißmoleküle; die abgepreßte Flüssigkeit ist ein eiweißfreies Ultrafiltrat; der kolloidosmotische Druck wirkt der Ultrafiltration entgegen.

Das Zusammenspiel der verschiedenen Mechanismen bei der Bereitung des definitiven Harns ist am besten bei den Wirbeltieren untersucht. In den Malpighi'schen Körperchen der Wirbeltierniere wird ein Ultrafiltrat des Blutplasmas gebildet, das fast frei von Eiweiß ist, im übrigen aber die gleiche Zusammensetzung aufweist wie das Blutplasma. Aus diesem Primärharn entsteht durch Rückdiffusion, Rückresorption und Sekretion im Tubulus und den ableitenden Wegen der definitive Harn. Die Menge des in den Glomeruli gebildeten Filtrats kann mit Hilfe von Substanzen bestimmt werden, welche die Tubuluswandung nicht passieren können, deren Menge im Harn sich also während der Tubuluspassage nicht ändert, z. B. dem Polysaccharid Inulin. Aus der Konzentration des Inulins im Blutplasma (C_P) und im Harn (C_H) sowie der Menge des definitiven Harns H errechnet sich die Filtratmenge F:

$$F = H \cdot C_H / C_P \tag{10}$$

Beim Menschen ist F etwa gleich 120 ml/min = 170 l/Tag; da die Menge des definitiven Harns nur 1—2 l/Tag beträgt, müssen also etwa 99 % des Was-

Tab. 8

Harnmenge H und Filtratmenge F [ml/kg · Tag] für verschiedene Wirbeltiere:

		Lebensraum	H	F
Cyclostomen:	*Petromyzon*	Süßw.	300	
Elasmobranchier:	*Squalus*	Meer	20	80
	Pristis	Süßw.	250	
Teleostei:	*Myoxocephalus*	Meer	3	14
	Salmo	Süßw.	75—90	
Amphibien:	*Rana*	Süßw.	300	500
Reptilien:	*Alligator*	Süßw.	10—30	35—80
Vögel:	*Huhn*	Land	ca. 20	1 700
Säuger:	*Mensch*	Land	25	2 500

sers rückresorbiert werden. Tab. 8 zeigt, daß die Filtrationsrate nur bei den Vögeln ähnlich hohe Werte erreicht wie beim Menschen und den Säugetieren. Die pro Tag produzierte Menge an definitivem Harn ist je nach dem Lebensraum bei den Wirbeltieren sehr unterschiedlich. Hohe Werte, bis zu 30 % des Körpergewichts pro Tag, findet man bei den süßwasserbewohnenden Fischen und Amphibien, niedrige Werte bei den Meeresbewohnern und Landtieren.

Die Berechnung nach Formel (10) kann auch für Substanzen durchgeführt werden, die der Rückdiffusion, Rückresorption oder Sekretion unterliegen. Anstelle der realen Filtratmenge *F* erhält man dann eine fiktive Plasmamenge, die von der betrachteten Substanz vollständig befreit worden ist, die „Clearence" der betreffenden Substanz. Im Falle der Rückdiffusion oder -resorption ist die Clearance kleiner als die Inulinclearence *F*, im Falle der Sekretion größer. Wird das gesamte durch die Niere strömende Blut von einer Substanz durch Filtration und tubuläre Sekretion vollständig befreit, so erreicht die Clearence ihren Maximalwert, der gleich der die Niere durchströmenden Plasmamenge ist. Dies gilt beim Menschen z. B.

für die p-Aminohippursäure, deren Clearence etwa 600 ml/min beträgt. 600 ml Plasma/min entsprechen etwa 1070 ml Vollblut/min = 1/5 des Herz-Minutenvolumens. Diese gewaltige Durchblutungsgröße ist erforderlich, da etwa 20 % des die Glomeruli passierenden Plasmas (120 von 600 ml/min) als Primärharn abgepreßt werden.

Der definitive Harn der Wirbeltiere ist im allgemeinen fast frei von Glucose; diese wird im proximalen Tubulus aktiv resorbiert. Harnstoff wird bei den Säugetieren nur durch glomeruläre Filtration abgeschieden, bei Amphibien jedoch zusätzlich in dem von der Nierenpfortader mit venösem Blut versorgten proximalen Tubulus aktiv sezerniert. Ein Teil des Wassers und der Salze wird schon aus dem Anfangsteil des Tubulus isosmotisch ins Blut zurückgeführt; den definitiven osmotischen Druck erhält der Harn jedoch erst im distalen Tubulus oder den Sammelrohren. Bei den Süßwasserfischen und Amphibien ist der Harn infolge aktiver Resorption von Salzen im distalen Tubulus hypoosmotisch gegenüber dem Blut; bei den terrestrischen Reptilien hat der aus der Niere austretende Harn etwa den gleichen osmotischen Druck wie das Blut, kann jedoch in der Kloake weiter eingedickt werden.

Nur die Niere der Säugetiere, in geringem Maße auch die der Vögel, kann den Harn über den osmotischen Druck des Blutes hinaus konzentrieren; bei Wüstensäugern kann der Harn bis 13fach hyperosmotisch gegenüber dem Blutplasma sein. Die Erzeugung

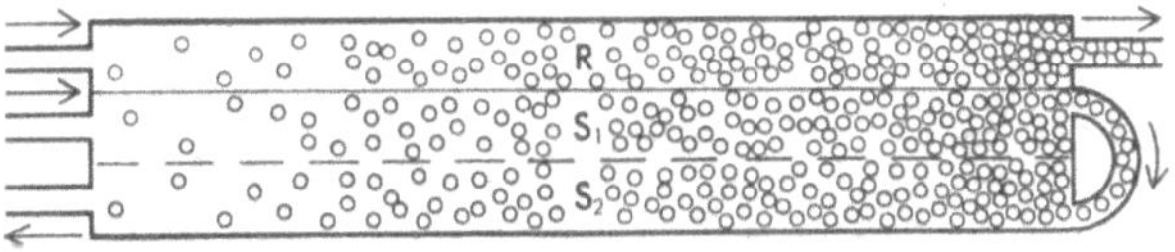

Abb. 52. Erzeugung hoher osmotischer Drucke im Gegenstromaustauschsystem der Säugerniere (nach Kuhn aus Urich). R = Sammelrohr, S_1 = absteigender, S_2 = aufsteigender Schenkel der Henle'sche Schleife (vgl. Abb. 31, S. 81).

hoher osmotischer Drucke in der Säugerniere beruht auf den Gegenstromaustauscher-Eigenschaften der Henle'schen Schleife (Abb. 52). Durch aktiven Transport von NaCl aus dem aufsteigenden Schenkel der Henle'schen Schleife S_2 in den absteigenden Schenkel S_1 wird zwischen benachbarten Stellen von S_2 und S_1 ein geringer Konzentrationsunterschied erzeugt. Vervielfachung dieses Einzeleffektes (vergl. Abb. 31, S. 81) läßt im Nierenmark einen Konzentrationsgradienten entstehen mit den höchsten Werten am Scheitel der Henle'schen Schleife. Dieser Gradient erfaßt auch das Gewebe des Nierenmarks (Interstitium), die Blutkapillaren und die Sammelrohre. Das in den Blutgefäßen rindenwärts strömende Blut wird verdünnt, der die Sammelrohre in umgekehrter Richtung durchströmende Harn konzentriert (Abb. 52). In der Bilanz wird also Wasser aus dem Harn der Sammelrohre über das Interstitium ins Blut transportiert.

In einigen Familien der Meeresfische haben einzelne Vertreter Nieren ohne Malpighi'sche Körperchen (aglomeruläre Nieren). Hier entfällt also der Prozeß der Filtration; der Harn wird ausschließlich durch Diffusion und aktiven Transport bereitet. Ins Blut injiziertes Inulin tritt bei diesen Formen nicht in den Harn über.

Das Zusammenspiel der verschiedenen Transportmechanismen bei der Bereitung des definitiven Harns ist für keine Tiergruppe so gut bekannt, wie für die Wirbeltiere. Immerhin ist in neuerer Zeit deutlich geworden, daß dem Prozeß der Filtration größere Verbreitung zukommt, als früher angenommen wurde.

Bei den Muscheln wird ein Ultrafiltrat der Hämolymphe durch die Wand des Ventrikels in den Herzbeutel abgeschieden. Der hydrostatische Druck im Ventrikel der Teichmuschel *Anodonta* liegt bei etwa 6 Torr, der kolloidosmotische Druck des Blutes bei nur 2 Torr. Die Inulin-Clearence beträgt je nach

Temperatur 50—500 ml/kg Weichkörper · Tag. Der definitive Harn ist hypoosmotisch gegenüber der Hämolymphe, seine Menge entspricht etwa der Inulin-Clearence.

Auch bei der wasserbewohnenden pulmonaten Schnecke *Lymnaea* ist offenbar der Ventrikel Ort der Ultrafiltration. Bei der Weinbergschnecke *Helix* und der großen afrikanischen Landschnecke *Achatina* erfolgt die Ultrafiltration jedoch anscheinend durch die Wand der Nierenarterien hindurch direkt in den Anfangsteil des Exkretionsorgans. Die Filtratmenge ist auch hier hoch (600 ml/kg · Tag); ein großer Teil des Wassers kann aber im Nephridialkanal resorbiert werden. Bei den Cephalopoden wird ein Ultrafiltrat des Blutes aus Anhängen der Kiemenherzen, den sogenannten Pericardialdrüsen, ins Pericard abgeschieden. Die Inulin-Clearence wurde bei *Octopus* zu 100 ml/kg · Tag bestimmt; die definitive Harnmenge ist etwa ebenso groß.

Auch bei den decapoden Crustaceen wird ein Filtrationsprozeß angenommen, durch den ein eiweißarmer Primärharn in das Endsäckchen abgeschieden wird. Ungeklärt sind jedoch Herkunft und Größe des erforderlichen Druckgradienten; wahrscheinlich steht das Blut in den feinen Blutlakunen des Endsäckchens unter einem hinreichenden hydrostatischen Druck. Das weitere Schicksal des Primärharns ist bei dem Flußkrebs *Astacus* mit einem Verfahren untersucht worden, das sich schon beim Wirbeltiernephron bewährt hatte: Aus verschiedenen Abschnitten des Nephridiums wurden kleinste Harnproben durch Punktion entnommen und mit Mikromethoden analysiert. So wurde festgestellt, daß die Chloridresorption erst im dritten Abschnitt, dem Nephridialkanal, erfolgt (Abb. 53). Der definitive Harn der Flußkrebse ist hypoosmotisch gegenüber dem Blut; es wird jedoch außer Ionen auch Wasser resorbiert, wie aus dem Verhältnis C_H/C_P für Inulin = 2—3 hervorgeht. Der Harn der marinen Crustaceen ist isosmotisch gegenüber dem Blut. Der Harnfluß beträgt bei *Astacus* etwa 80, bei marinen Krebsen 5—40 ml/kg · Tag.

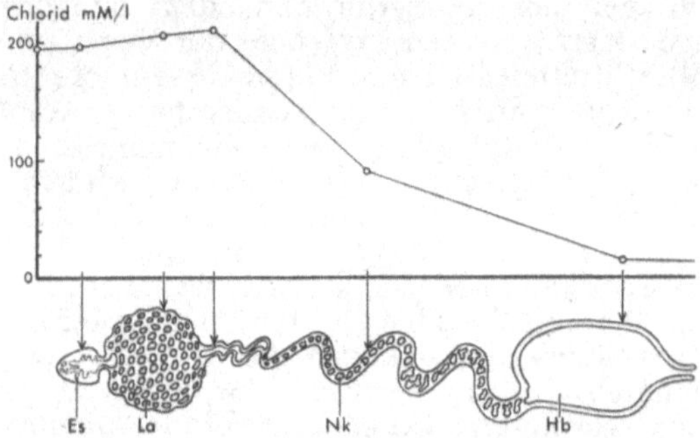

Abb. 53. Die Harnkonzentration in den verschiedenen Abschnitten des Nephridiums bei dem Flußkrebs *Astacus fluviatilis* (nach Peters). Es = Endsäckchen, Hb = Harnblase, La = Labyrinth, Nk = Nephridialkanal.

Bei der Mehrzahl der Anneliden, die Metanephridien mit offener Verbindung zum Coelom besitzen, ist an Ultrafiltration aus dem Blut in das Coelom zu denken. Die wenigen vorliegenden Untersuchungen ergaben jedoch, daß die Coelomflüssigkeit schwach hyperosmotisch gegenüber dem Blut ist; dies ist mit der Annahme einer Filtration nicht vereinbar. Mikropunktionsversuche am Nephridium von *Lumbricus* lassen den weiten Abschnitt als den Ort erkennen, an dem durch Ionenresorption der Harn seinen verminderten osmotischen Druck erhält (Abb. 54).

Protonephridien und Solenocytenorgane sind wegen ihrer geringen Größe physiologischen Experimenten kaum zugänglich. Der in elektronenmikroskopischen Studien geführte Nachweis filterartiger Strukturen macht jedoch auch für diese Or-

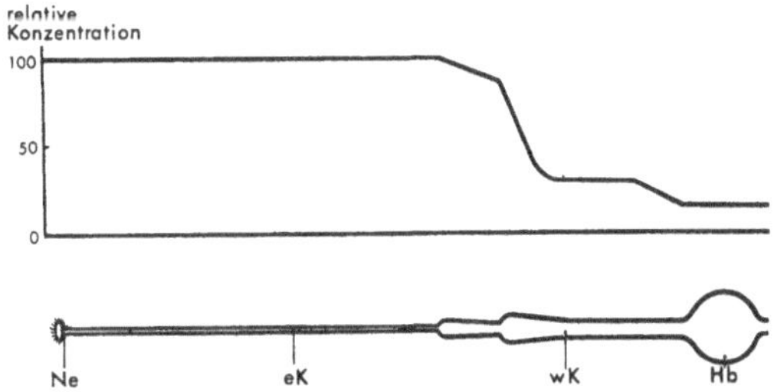

Abb. 54. Die relative Konzentration (Medium = 100) in den verschiedenen Abschnitten des Regenwurmnephridiums (nach R a m s e y). ek = enger Kanal, Hb = Harnblase, Ne = Nephridialtrichter, wK = weiter Kanal.

gane eine Filtration sehr wahrscheinlich (Abb. 49 u. 50). Die Aufgabe der Protonephridien dürfte wohl vor allem in der Osmo- und Ionenregulation bestehen; für die Ausscheidung der N-Exkrete reicht die Vorstellung einer Diffusion durch die Körperoberfläche aus.

In den M a l p i g h i'schen G e f ä ß e n kommen als Harnbildungsmechanismen nur Diffusion und aktiver Transport in Frage. Die Malpighi'schen Gefäße der Stabheuschrecke *Carausius* produzieren 100 bis 150 ml/kg · Tag eines etwa isosmotischen Primärharns. Dieser enthält K, Phosphat und Harnsäure in höherer Konzentration als die Hämolymphe; für diese Harnbestandteile ist also aktive Sekretion anzunehmen. Chlorid, Ca und Mg liegen in geringerer Konzentration vor als im Blut; sie werden wohl durch Diffusion abgeschieden. Durch Wasserresorption im Enddarm wird der definitive Harn 2—3 fach hyperosmotisch gegenüber dem Blut. Die Eindickung des Harns erfolgt bei den meisten Insekten im Enddarm; nur bei der Wanze *Rhodnius* sind die Malpighi'schen Gefäße in zwei Abschnitte differenziert, von denen der zweite die Fähigkeit zur Wasserresorption hat.

Exkretorische Funktion haben zweifellos auch die k o n t r a k t i l e n V a k u o l e n, die bei vielen Süßwasser-Protozoen, aber auch in Zellen von Süßwasser-Schwämmen vorkommen. Bei den marinen Protozoen fehlen sie oder sind doch zumindest funktionell stark reduziert. Das hochdifferenzierte exkretorische System des „Pantoffeltierchens" *Paramaecium* besteht aus zwei kontraktilen Vakuolen mit je 5—12 Radiärkanälen (Abb. 55). Das die Radiärkanäle umgebende „Nephridialplasma" enthält feinste Schläuche (Tubuli), die ihren Inhalt in die Radiärkanäle abgeben. Wenn die Radiärkanäle einen bestimmten Füllungsgrad er-

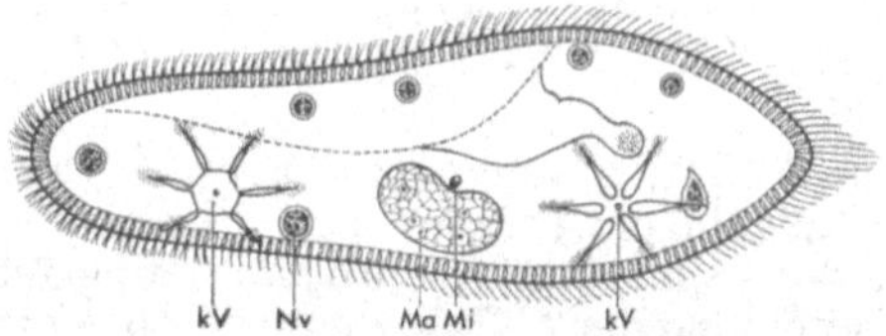

Abb. 55. Das Pantoffeltierchen *Paramaecium* (nach Matthes). kV = kontraktile Vakuole, Ma = Makronucleus, Mi = Mikronucleus, Nv = Nahrungsvakuole.

reicht haben, entleeren sie sich in die kontraktile Vakuole, welche die Flüssigkeit dann durch Kontraktion ihrer Wandung nach außen befördert. Die Entleerungsfrequenz sinkt mit steigender Salzkonzentration im Medium. Dies spricht ebenso wie das Fehlen bei den Meeresformen für eine osmoregulatorische Funktion dieser Zellorganellen. Die N-Exkrete werden zweifellos überwiegend durch Diffusion an der Zelloberfläche ausgeschieden.

c) Osmoregulation

Natürliche Wasseransammlungen können sehr unterschiedliche Salzkonzentrationen aufweisen: von 0,005—0,5 ‰ im Süßwasser, 0,5—30 ‰ im Brackwasser und 35 ‰ im Meerwasser bis zu 320 ‰ in Salzseen. Der Salzgehalt des Brackwassers im Bereich der Flußmündungen schwankt im Rhythmus der Gezeiten von der Konzentration fast reinen Süßwassers bis zu der des Meerwassers.

Die Fähigkeit der wasserbewohnenden Tiere, sich dem Salzgehalt bzw. osmotischen Druck ihres Mediums und dessen Schwankungen anzupassen, wird durch die folgenden Faktoren bestimmt:

1. Unterschied der osmotischen Drucke des Mediums und der Körperflüssigkeiten.
   Alle denkbaren Situationen sind in der Natur verwirklicht und sollen im folgenden nacheinander besprochen werden: die Körperflüssigkeiten können isosmotisch (marine Wirbellose, *Myxine* und marine Elasmobranchier, manche Brackwassertiere), hyperosmotisch (alle Süßwasserbewohner und viele Brackwassertiere) oder hypoosmotisch (marine Teleostei, Bewohner von Salzseen) sein.
2. Permeabilität der Körperoberfläche für Wasser und Salze.
   Die Faktoren 1. und 2. bestimmen die Größe der Diffusion von Wasser und Ionen durch die Körperoberfläche, die je nach der Richtung des Konzentrationsgradienten einen Netto-Einstrom oder -Ausstrom bewirkt.
3. Wasser- und Salzgehalt der Nahrung.
4. Abgabe von Wasser und Salzen mit dem Harn.
   Der Harn kann isosmotisch, hypoosmotisch oder hyperosmotisch gegenüber dem Blut sein, die Harnmenge sehr unterschiedlich (s. Tab. 8, S. 124).
5. Aktive Aufnahme bzw. Abgabe von Ionen durch die Körperoberfläche.
   Aktiver Transport von Wassermolekülen kommt im Tierreich anscheinend nicht vor.
6. Toleranz der Gewebe gegenüber Veränderungen im Salzgehalt der Körperflüssigkeiten.

Diese ist besonders ausgeprägt bei den Brackwassertieren; z. B. arbeitet das Herz der Miesmuschel bei Salzkonzentrationen zwischen 14 und 56 ‰. Extreme Toleranz zeigen die Gewebe von *Procerodes (Gunda) ulvae.* Dieses im Brackwasser nahe Flußmündungen lebende triclade Turbellar hat nur begrenzte Fähigkeiten zur Osmoregulation; der osmotische Druck seiner Körperflüssigkeiten ändert sich daher fast wie der des Mediums im Gezeitenrhythmus zweimal täglich um den Faktor 10—20.

Aus den Faktoren 1.—5. ergeben sich die Bilanzen des Wasser- und Ionenaustauschs zwischen Tier und Umgebung. Die Aufnahme von Ionen setzt sich zusammen aus der passiven Einwärtsdiffusion, der Resorption aus Nahrung und u. U. getrunkenem Medium sowie gegebenenfalls aktiver Absorption durch die Körperoberfläche; die Ionenabgabe aus der passiven Auswärtsdiffusion, der Ausscheidung im Harn und gegebenenfalls der aktiven Ausscheidung durch die Körperoberfläche. In ähnlicher Weise ist die Wasserbilanz zu berechnen.

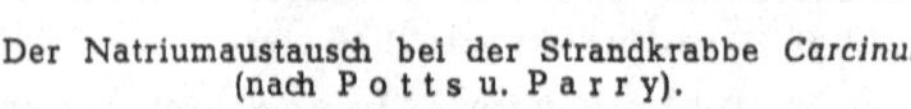

Abb. 56. Der Natriumaustausch bei der Strandkrabbe *Carcinus maenas* (nach Potts u. Parry).

Normalerweise befinden sich die Wassertiere im Zustand des dynamischen Gleichgewichts, in dem Wasseraufnahme und -abgabe sowie Ionenaufnahme und -abgabe sich die Waage halten. Auch unter diesen Bedingungen kann man die Größe des Wasser- und

Ionentransports in beiden Richtungen mit Hilfe von schwerem Wasser D_2O oder den radioaktiven Isotopen von Na, K und Cl bestimmen (Abb. 56 und 57).

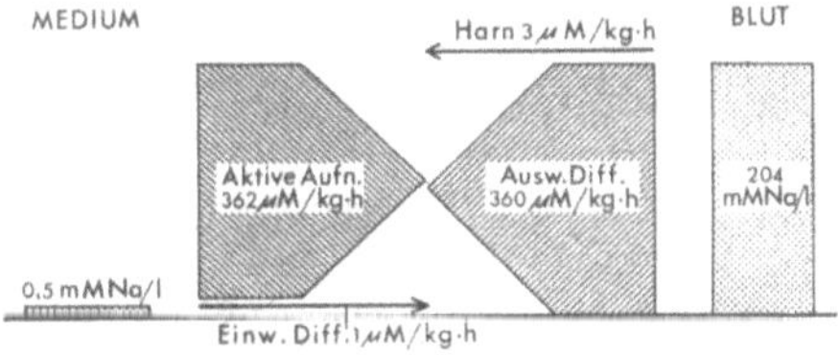

Abb. 57. Der Natriumaustausch bei dem Flußkrebs *Astacus pallipes* (nach Potts u. Parry).

Die meisten marinen Wirbellosen besitzen nicht die Fähigkeit zur Osmoregulation; ihr Blut ist stets isosmotisch gegenüber dem Medium (s. Abb. 58, Kurve c). Einige von ihnen bleiben jedoch selbst bei starker Verdünnung des Blutes voll lebensfähig und können daher in das Brackwasser vordringen, z. B. die Miesmuschel *Mytilus,* der Polychaet *Arenicola* und der Seestern *Asterias.*

Tiere ohne Osmoregulation schwellen beim Umsetzen in verdünntes Medium infolge des osmotischen Wassereinstroms an; bei den meisten wird diese Volumzunahme im Verlaufe einiger Stunden wieder rückgängig gemacht, indem Wasser und Salze abgegeben werden (Volumregulation).

Viele Brackwassertiere (z. B. die Strandkrabbe *Carcinus* und der Polychaet *Nereis diversicolor)* und alle Süßwasserbewohner können ihr Blut hyperosmotisch gegenüber dem Medium halten (s. Abb. 58, Kurven a u. b). Diese Tiere müssen den durch osmotischen Einstrom von Wasser erzeugten Wasserüberschuß beseitigen und die durch die Haut und mit dem Harn verlorengehenden Salze ersetzen. Die Permeabilität ihrer Haut für Wasser und Salze ist meist niedrig, viele produzieren hypoosmotischen Harn und fast alle haben die Fähigkeit, Salze aus dem umgebenden Medium aktiv aufzunehmen. Diese Ionenabsorption kann durch die Haut (z. B. Frösche), die Kiemen (z. B.

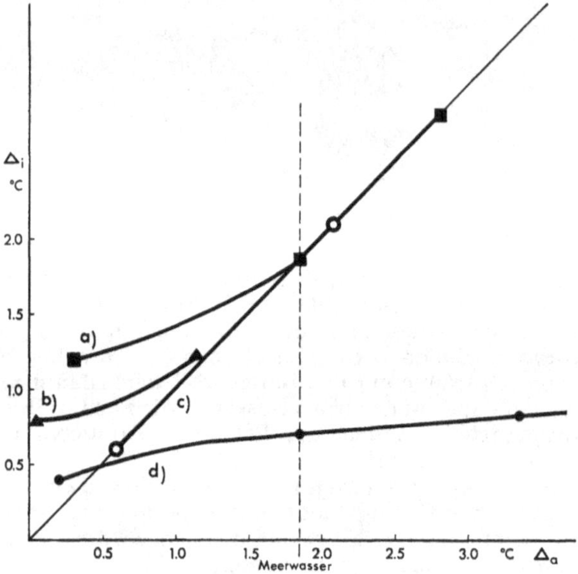

Abb. 58. Die Abhängigkeit der Gefrierpunktserniedrigung im Blut (Δ_i) von der des Außenmediums (Δ_a). Liegen die Meßwerte von Δ_i auf der Diagonalen, so ist das Blut isosmotisch dem Medium; liegen sie darüber, ist das Blut hyperosmotisch; liegen sie darunter, ist es hypoosmotisch: a) *Carcinus*; b) *Astacus*; c) *Mytilus*; d) *Artemia*.

Crustaceen und Süßwasserfische) oder spezialisierte Organe (z. B. Analpapillen bei Mückenlarven, Abb. 59) stattfinden.

Carcinus vermag noch in Brackwasser von weniger als 10 ‰ Salzgehalt zu leben. In verdünntem Meerwasser hält er den osmotischen Druck des Blutes stets über dem des Mediums (s. Abb. 58, Kurve a); außerdem ertragen seine Gewebe die Verdünnung des Blutes auf 60 % des in reinem Meerwasser gegebenen Wertes. Sein Harn ist stets isosmotisch gegenüber dem Blut. Die Permeabilität der Körperoberfläche ist geringer als bei den rein marinen Verwandten, aber größer als bei dem Flußkrebs *Astacus*; Vergleich der Abb. 56 und 57 zeigt, daß bei *Carcinus* trotz geringeren Konzentrationsunterschieds die Natriumverluste durch Auswärtsdiffusion weit größer sind als bei *Astacus*. *Carcinus* nimmt, vermutlich durch die Kiemen, aktiv Ionen aus dem Medium auf. Die Geschwindigkeit der aktiven Natriumaufnahme hängt ab von den Konzentrationen des Na im Blut Na^+_i und im Medium Na^+_a. Die Normalgeschwindigkeit wird bei $Na^+_a = 70$ mM/l erreicht; sinkt Na^+_i unter 400 mM/l, so steigt die Natriumaufnahme stark an.

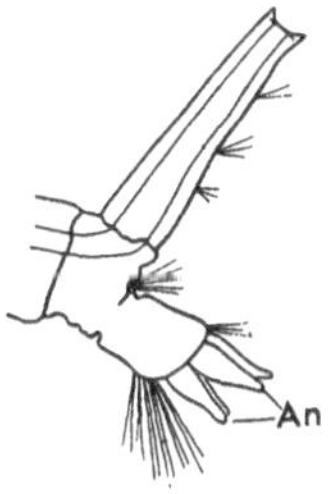

Abb. 59. Hinterleibspitze der Larve von *Culex pipiens* (Stechmücke) (nach Wigglesworth). An = Analpapillen.

Astacus produziert einen stark hypoosmotischen Harn. Seine Natriumpumpe funktioniert schon bei $Na^+_a = 1$ mM/l mit voller Leistung; selbst bei $Na^+_a = 0{,}04$ mM/l, einer Konzentration, die weit unter der normalen Süßwassers liegt, kann *Astacus* noch sein Natriumgleichgewicht aufrechterhalten. Auch hier bewirkt geringfügige Verminderung von Na^+_i beträchtliche Beschleunigung der Natriumaufnahme.

Die Larve der Schlammfliege *Sialis* hat eine so wenig permeable Oberfläche, daß der Salzgehalt ihrer Nahrung zum Ausgleich der geringen Salzverluste ausreicht.

Bei den Bewohnern von Salzseen, wie dem Salinenkrebs *Artemia* oder den Larven der Salzfliege *Ephydra*, ist das Blut h y p o o s m o t i s c h gegenüber dem Medium (s. Abb. 58, Kurve d). Das gleiche gilt auch für die marinen Teleostei, deren Blut nur etwa halb so hohe Salzkonzentration hat wie das Meerwasser. Hier ist die Situation gerade umgekehrt wie bei den Süßwasserbewohnern, es herrscht Wassermangel und ein Überschuß an Salzen. Die Permeabilität der Haut ist gering. *Artemia* und die marinen Teleostei gleichen die osmotischen Wasserverluste durch Trinken des umgebenden Mediums aus. Die überschüssigen Salze werden durch die Kiemen (Teleostei, *Artemia*) oder den Darm (*Ephydra*) ausgeschieden. Der in geringer Menge produzierte Harn der marinen Teleostei ist niemals hyperosmotisch gegenüber dem Blut.

Auch bei den marinen Haien und Rochen ist der Salzgehalt des Blutes geringer als der des Meerwassers. Die Differenz wird jedoch dadurch ausgeglichen und das Blut gegenüber Meerwasser iso- oder sogar schwach hyperosmotisch, daß große Harnstoffkonzentrationen (bis über 12 %) im Blut aufrechterhalten werden. Den gleichen „Trick" verwendet auch der im Brackwasser an der Küste von Thailand lebende Frosch *Rana cancrivora*. Auf Grund des bestehenden Konzentrationsgradienten treten auch bei den Elasmobranchiern Salze aus dem Meerwasser ins Blut über; der Überschuß wird mit dem Harn, vor allem aber mit dem NaCl-reichen Sekret der Rektaldrüse entfernt.

d) Der Wasserhaushalt der Landtiere

Wasserverluste entstehen bei den Landtieren durch Verdunstung an der Haut und den respiratorischen Oberflächen und durch Wasserabgabe mit dem Harn, den Faeces und Sekreten. Diese Verluste müssen ausgeglichen werden durch den Wassergehalt der Nahrung, durch Trinken, Wasseraufnahme durch die Haut (z. B. bei den Amphibien) und die Bildung von Wasser bei der Oxydation der Nährstoffe. In der Wasserbilanz des Menschen spielt dieses „Oxydationswasser“ (etwa 350 ml/Tag) keine bedeutende Rolle. Die wüstenbewohnende Ratte *Dipodomys* kann jedoch mit trockener Nahrung beliebig lange leben, ohne zu trinken; sie deckt ihren Wasserbedarf dann ausschließlich aus dem Oxydationswasser. Zahlreiche Einrichtungen dienen der Herabsetzung der Wasserverluste bei den terrestrischen Tieren: Die Bedeckung der Körperoberfläche mit Hornsubstanzen bei den Reptilien, Vögeln und Säugern, der Wachsüberzug des Chitinpanzers bei den Insekten und Tausendfüßlern, der Schleimüberzug bei den Pulmonaten, die Diffusionsregulation bei den Tracheaten und Pulmonaten (s. S. 73), die Produktion fast wasserfreien Harns bei den Pulmonaten, Insekten, Reptilien und Vögeln, die Konzentrierung des Harns bei den Säugetieren, die Eindickung der Faeces im Enddarm.

Extreme Anpassungen an Wassermangel findet man bei Wüstenbewohnern. So besitzt das Kamel zwar nicht — wie früher angenommen wurde — größere Wasser- oder Fettvorräte als andere Säuger, kann aber größere Wasserverluste ertragen (bis 30 % des Körperwassers) und verliert weniger Wasser mit Harn und Schweiß. So kann es bis zu 16 Tagen ohne Wasserzufuhr auskommen, vermag dann allerdings innerhalb weniger Minuten mehr als 100 l Wasser zu trinken.

Vor einem besonderen Problem stehen die Meeresreptilien und -vögel, da sie zwar mit der Nahrung ständig große Salzmengen aufnehmen, aber keinen hypertonischen Harn bilden können. Der Salzüberschuß wird durch sogenannte Salzdrüsen ausgeschieden, die umgewandelte Nasendrüsen oder Tränendrüsen sind. Diese Drüsen produzieren ein salzreiches Sekret, das durch die Nase (Vögel, manche Reptilien) oder als „Tränen“ (Schildkröte *Caretta*) abgegeben wird.

e) Ionenregulation

Bei den meisten Tieren weichen die Mengenverhältnisse der einzelnen Ionen in den Körperflüssigkeiten beträchtlich von denen im Medium ab. Dies kann darauf beruhen, daß die Permeabilität der Körperoberfläche für die einzelnen Ionen verschieden ist, vor allem aber darauf, daß die aktiven Transportprozesse in den Exkretionsorganen und der Körperoberfläche die einzelnen Ionen unterschiedlich behandeln. Die Ionenregulation der Körperflüssigkeiten ist bei den Coelenteraten, den Echinodermen und manchen Anneliden nur schwach ausgeprägt; sie findet sich aber auch bei solchen Meeres- und Brackwassertieren, deren Körperflüssigkeiten dem Medium isosmotisch sind (s. Tab. 5, S. 86). Im Blut der marinen Crustaceen ist Ca angereichert, Mg und Sulfat vermindert; viele Mollusken konzentrieren K und Ca und verdünnen das Sulfat; das Blut der Insekten ist auffallend reich an K.

Die Ionenzusammensetzung der intrazellulären Flüssigkeit ist bei allen Tieren von der der Körperflüssigkeiten und des Mediums verschieden (s. Tab. 5, S. 86). Das vorherrschende Alkaliion ist das K^+, während in den Körperflüssigkeiten außer bei einigen Insekten stets das Na^+ überwiegt. Die wichtigsten Anionen des Zellsafts sind Phosphat, organische Säuren, insbesondere Aminosäuren, und Proteine, während in den Körperflüssigkeiten Cl^- und HCO_3^- dominieren. Diese Unterschiede zwischen intrazellulären und extrazellulären Flüssigkeiten beruhen (1) auf Prozessen des aktiven Ionentransports, (2) darauf, daß bestimmte Ionen (z. B. Ca^{++} und Mg^{++}) an Proteine gebunden und somit dem Diffusionsgleichgewicht entzogen werden können und (3) darauf, daß die Undurchlässigkeit der Zellmembran für organische Ionen zu einer ungleichen Verteilung der Ionen (Donnan-Verteilung) führt.

Der Donnan-Effekt läßt sich am besten an einem einfachen Modell erläutern (s. Abb. 60): Zwei Kompartimente *a* und *i* enthalten zu Beginn des Versuchs gleiche Konzentrationen von K^+Cl^- bzw. K^+P^-; die Membran zwischen *a* und *i* sei nicht durchlässig für das organische Anion P^- (organische Säure oder anionisch geladenes Protein). Cl^- wird entsprechend dem Konzentrationsgefälle eindiffundieren und dabei K^+ mitnehmen; es entsteht ein von *i* nach *a* gerichteter K^+-Gradient, der K^+ nach außen treibt. Das Gleichgewicht ist erreicht, wenn die treibende Kraft der K^+-Auswärtsdiffusion die der Cl^--Einwärtsdiffusion gerade ausgleicht. Die Konzentrationen von K^+ und Cl^- in *a* und *i* gehorchen dann

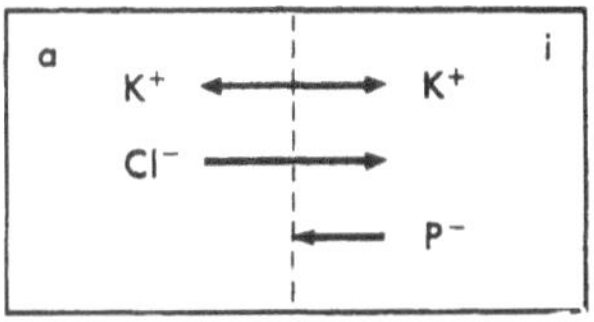

Abb. 60. Donnan-Effekt. Erklärung im Text.

$$K^+_a \cdot Cl^-_a = K^+_i \cdot Cl^-_i \qquad (11)$$

und

$$K^+_i > K^+_a = Cl^-_a > Cl^-_i \qquad (12).$$

Im Donnan-Gleichgewicht ist der osmotische Druck in der Innenlösung *i* größer als in *a*:

$$K^+_a + Cl^-_a < K^+_i + Cl^-_i + P^- \qquad (13)$$

Da auch das Wasserstoffion H^+ sich wie K^+ verhält, ist seine Konzentration in *i* größer als in *a*; die Innenlösung ist saurer. Die Größe des Donnan-Effekts hängt ab von der Konzentration des nicht-diffusiblen Anions P^- im Vergleich zu den diffusiblen Ionen K^+ und Cl^-.

Zumindest bei Muskel- und Nervenzellen wird die Situation dadurch kompliziert, daß das in der Körperflüssigkeit *a* in hoher Konzentration enthaltene Na^+ die Zellmembran nur schwer passieren kann (doppeltes Donnan-Gleichgewicht). Hier gleicht das Na^+ in der Körperflüssigkeit den nach (13) in *i* herrschenden

Ionenüberschuß aus, so daß der osmotische Druck in Zelle und Umgebung etwa gleich ist:

$$Na^+_a + K^+_a + Cl^-_a = Na^+_i + K^+_i + Cl^-_i + P^- \quad (14).$$

Zwischen eiweißhaltigen Körperflüssigkeiten und dem eiweißfreien Außenmedium kommt es selbstverständlich ebenfalls zu einer Donnan-Verteilung; da die Eiweißkonzentrationen der Körperflüssigkeiten jedoch meist gering sind, ist dieser Effekt gewöhnlich vernachlässigbar klein.

Die Aufrechterhaltung von Konzentrationsunterschieden erfordert den ständigen Aufwand von Zellenergie. Die Größe dieses Aufwands läßt sich aus der Konzentrationsdifferenz und der Austauschgeschwindigkeit der einzelnen Ionen berechnen. Die osmotische Arbeit, die für die Aufrechterhaltung der Konzentrationsunterschiede zwischen Körperflüssigkeiten und Medium von den Zellen der Exkretionsorgane und der Körperoberfläche geleistet werden muß, ist relativ klein und liegt meist in der Größenordnung von weniger als 1 % des Grundumsatzes. Die Ionenflüsse zwischen den Zellen und den Körperflüssigkeiten sind weit größer als die zwischen Körperflüssigkeiten und Medium; der Energieaufwand kann hier beträchtlich sein.

f) Mineralhaushalt

Daß es gerechtfertigt ist, bei den Mineralien wie bei den organischen Körperbestandteilen von einem „Haushalt" zu sprechen, ergibt sich daraus, daß auch hier Aufnahme und Abgabe ausgeglichen werden, der Bestand des Körpers also konstant bleibt. Im Gegensatz zu den organischen Substanzen werden die Mineralien jedoch meist in der gleichen Form abgegeben wie aufgenommen: als Salze bzw. freie Ionen. Die Steuerung des Mineralhaushalts ist nur bei den Wirbeltieren genauer bekannt und erfolgt hier auf hormonalem Wege. Aus dem umfangreichen Gebiet des Mineralstoffwechsels kann hier nur Weniges mitgeteilt werden.

Der Natrium-Umsatz ist wohl stets recht lebhaft und beträgt beim Menschen 2—7 g/Tag. Von den insgesamt 68 g Na des menschlichen Körpers sind 40 g in den extrazellulären Flüssigkeiten und nur 9 g in den Zellen enthalten; die restlichen 19 g sind an die Knochensubstanz gebunden und dienen als Reserve. Von dem Kalium finden sich dagegen nur 5 % außerhalb der Zellen.

Das Calcium der Körperflüssigkeiten ist bei vielen Tieren teilweise an Proteine gebunden (nichtdialysierbares Ca). Bei Protozoen (Foraminiferen), Coelenteraten (Korallen), Schwämmen (Kalkschwämme), Mollusken, Echinodermen und Wirbeltieren bildet das Ca einen wesentlichen Bestandteil der Skelettsubstanz; auch der Chitinpanzer der Crustaceen enthält bis zu 25 % Ca. Das Ca der Skelette kann im Bedarfsfall wieder mobilisiert werden und ist z. B. bei den Wirbeltieren an der Konstanterhaltung des Blut-Ca wesentlich beteiligt. Manche Mollusken und Crustaceen besitzen Ca-Vorräte in der Mitteldarmdrüse; bekannt sind die „Krebssteine" in der Magenwand der Flußkrebse. Die Bedeutung dieser Reserven darf jedoch vor allem bei den Wasserbewohnern nicht überschätzt werden. Diese können ihren Ca-Bedarf leicht aus dem Medium decken. So stammt bei dem Flußkrebs das nach der Häutung in den neuen Panzer eingelagerte Ca z. T. aus dem alten Panzer, dessen Ca vor der Häutung großenteils mobilisiert wird, z. T. aus dem Wasser; das Ca der Krebssteine spielt in der Bilanz kaum eine Rolle.

Der menschliche Körper enthält 4—6 g Eisen, von denen etwa 2/3 auf das Hämoglobin entfallen. Da die Lebensdauer der Erythrocyten nur etwa 2 Monate beträgt, werden täglich 8—9 g Hämoglobin abgebaut und durch neugebildetes ersetzt; dem entspricht ein täglicher Eisenumsatz von 25—30 mg. Die Ausscheidung durch Galle und Haut bzw. die Resorption im Darm beträgt jedoch nur 1—2 mg/Tag. Das Fe wird im Blut in Bindung an Protein transportiert (Siderophilin). Vor allem die Leber enthält ein Fe-Depot in Form eines eisenreichen Proteins (Ferritin mit 23 % Fe). Bei den Mollusken wird Fe in der Mitteldarmdrüse, bei dem Regenwurm *Lumbricus* im Chloragog gespeichert. Kupfer-Depots findet man in der Leber der Wirbeltiere und der Mitteldarmdrüse der Crustaceen.

Während Landtiere und Süßwasserbewohner zur Deckung ihres Bedarfs an Spurenelementen vor allem auf die Nahrung angewiesen sind, können die Meerestiere alle benötigten Elemente dem Medium direkt entnehmen. Wirbellose Meerestiere vermögen zahlreiche Elemente in ihrem Körper anzureichern, darunter auch solche, die wohl keine Bedeutung für den Stoffwechsel haben.

VI. Sekretion

Sekretorische oder Drüsenzellen sind spezialisierte Zellen, welche die Fähigkeit haben, größere Mengen von Substanzen mit spezifischen Eigenschaften und Funktionen zu bilden und an die Umgebung abzugeben. Drüsenzellen können einzeln in Verbänden nicht-sekretorischer Zellen liegen (einzellige Drüsen) oder zu Organen zusammengeschlossen sein (mehrzellige Drüsen), die oft kompliziert gebaut und mit Hilfseinrichtungen, wie Muskeln zur Entleerung der Drüse oder Einrichtungen zur Ausleitung des Sekrets versehen sind.

Die Bildung des Sekrets ist ein zellphysiologisches und biochemisches Thema. Im Cytoplasma der Drüsenzelle, oft im Bereich des als Golgiapparat bezeichneten Zellorganells, entstehen feine Sekretgranula, die schließlich die ganze Zelle erfüllen oder auch zu größeren Grana oder Vakuolen zusammentreten können.

Bei der Abgabe der Sekrete gibt es mehrere Möglichkeiten: Wenn bei der Ausstoßung des Sekrets nur geringe oder gar keine Anteile des Cytoplasmas verloren gehen, spricht man von merokriner Sekretion. Bei der apokrinen Sekretion wird ein Teil der Zelle mitsamt dem darin enthaltenen Sekret abgeschnürt. Seltener als diese beiden Sekretionstypen ist die holokrine Sekretion, bei der die ganze Drüsenzelle unter Abgabe des Sekrets zerfällt (z. B. Talgdrüsen in der Haut der Säugetiere). Mero- und apokrine Drüsenzellen zeigen einen Arbeitsrhythmus, bei dem Sekretbildung und -ausstoßung abwechseln. Die Sekretabgabe wird nervös oder hormonal gesteuert.

Die biologische Bedeutung der Sekrete ist im Tierreich von fast unübersehbarer Mannigfaltigkeit: Fast alle Skelett-, Stütz- und Schutzsubstanzen können als Produkte oft allerdings sehr komplizierter Sekretionsprozesse betrachtet werden. Sekrete sind ferner die Seidenproteine und andere Gespinstmaterialien, die Schleimstoffe, die Nährsekrete, die Anlock- und Duftstoffe, die Schreck- und Abwehrstoffe, viele Gifte und Farbstoffe, die extrazellulären Verdauungsenzyme und die Hormone. Dieser Vielfalt der Funktionen entspricht eine bunte Mannigfaltigkeit der chemischen Eigenschaften, die ein reizvolles Thema der vergleichenden Biochemie darstellt, hier aber nicht besprochen werden kann.

VII. Energiehaushalt

a) Erzeugung von Licht (Biolumineszenz)

In fast allen Stämmen des Tierreichs haben zumindest einzelne Vertreter die Fähigkeit, sichtbares Licht zu erzeugen. Leuchtende Arten findet man bei den Flagellaten (z. B. das Meerleuchttierchen *Noctiluca*), Coelenteraten (z. B. die Hydromeduse *Aequorea*), Ctenophoren, Cephalopoden, Crustaceen (z. B. Garneelen, Euphausiaceen und der Ostracode *Cypridina*), Insekten (z. B. Pilzmücken und die Käferfamilien *Lampyridae* und *Elateridae*), Salpen und Pyrosomen sowie den Fischen. Biolumineszenz ist unter den Meeresbewohnern weit verbreitet, bei terrestrischen Formen weit seltener und gehört bei Süßwassertieren zu den größten Ausnahmen.

Die Fähigkeit zur Erzeugung von Licht kann auf dem Besitz symbiontischer Leuchtbakterien beruhen oder eine Eigenschaft des Tieres selbst sein. Eine echte Leuchtsymbiose ist bisher nur in drei Tiergruppen nachgewiesen worden, den Fischen, Cephalopoden und Tunicaten. Unter den Fischen sind Leuchtbakterien vor allem von Flachwasserformen bekannt; die Tiefseefische produzieren ihre Leuchtstoffe selbst. Bei den Cephalopoden zeigen nur die flachwasserbewohnenden Myopsiden bakterielles Leuchten.

Meist wird das Licht im Inneren von Zellen erzeugt (intrazellulär); manche Tiere produzieren jedoch extrazelluläre Leuchtsekrete (z. B. der Polychaet *Chaetopterus, Cypridina,* Tiefseegarneelen, die Bohrmuschel *Pholas* und der Tintenfisch *Heterotheutis).* Viele Leuchtorgane sind von außerordentlich kompliziertem Bau und zeigen durch die Ausstattung mit Reflektoren, Pigmentschirmen, Sammellinsen und Lidfalten Ähnlichkeit zu Lichtsinnesorganen (Garneelen, Cephalopoden, Fische, Abb. 61).

Die Lichterzeugung durch Organismen beruht auf chemischen Prozessen, ist also eine Chemilumineszenz. In der Mehrzahl der Fälle ist offenbar eine niedermolekulare Leuchtsubstanz vorhanden (Luciferin), die in der Leuchtreaktion durch ein spezifisches Enzym (Luciferase) unter Beteiligung von Luftsauerstoff oxydiert wird. Bei der Hydromeduse *Aequorea* ist allerdings nur eine Substanz beteiligt, ein Eiweiß, das Aequorin, das bei Zusatz von Ca^{++} aufleuchtet. Die Luciferine der einzelnen leuchtenden Tiere sind chemisch sehr verschieden; in ihrer chemischen Struktur genauer bekannt sind die Luciferine des Ostracoden *Cypridina* und des Leuchtkäfers *Photinus*. Luciferin und Luciferase reagieren nur bei nahe verwandten Arten miteinander. Eine Ausnahme bilden Luciferin und Luciferase des Krebses *Cypridina* und des Teleostiers *Apogon*, die beliebig miteinander zu funktionierenden Systemen kombiniert werden können.

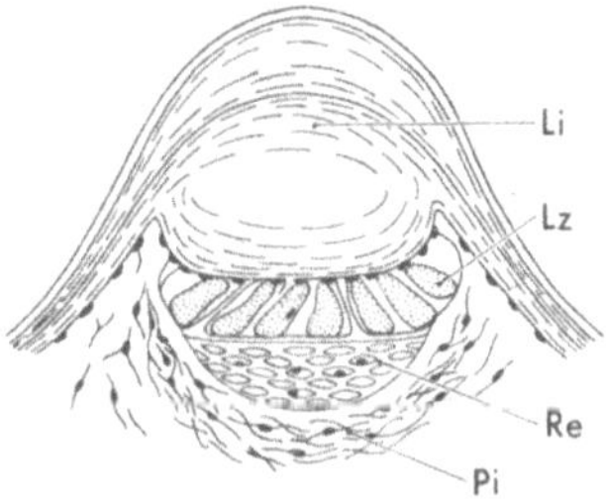

Abb. 61. Leuchtorgan der Tiefseegarneele *Sergestes* (nach Harvey). Li = Linse, Lz = Leuchtzellen, Re = Reflektorschicht, Pi = Pigmentschicht.

Das Licht der meisten Leuchtorganismen ist blau oder blaugrün; gelbgrünes, gelbes und rotes Licht kommt nur bei Käfern, Cephalopoden und Fischen vor. Die Intensität des Lichtes ist z. T. sehr beträchtlich; so sollen leuchtende Ctenophoren über 100 m weit sichtbar sein.

Die symbiontischen Leuchtbakterien leuchten meist kontinuierlich. Einige Fische mit symbiontischem Leuchten können ihr Licht jedoch durch Drehen des Leuchtorgans (*Anomalops*) oder Lidschluß (*Photoblepharon*) abdunkeln. Auch das bakterielle Leuchten der Pyrosomen ist intermittierend. Hier sind jedoch keine Abschirmeinrichtungen vorhanden; das Leuchten muß durch Vorgänge in den die Symbionten tragenden Leuchtzellen ausgelöst oder gehemmt werden. Die Biolumineszenz tierischen Ursprungs ist fast stets intermittierend; die einzelnen Lichtblitze dauern oft nur Bruchteile einer Sekunde (z. B. bei *Noctiluca*, manchen Leuchtkäfern, Garneelen und Fischen). Die Steuerung des Leuchtvorgangs erfolgt wahrscheinlich durch das Nervensystem, ist im einzelnen jedoch noch ungeklärt.

Die Biolumineszenz dient wohl vor allem der Zusammenführung und Erkennung der Geschlechter (z. B. Leuchtkäfer) und Artgenossen, dem Anlocken von Beutetieren (z. B. Pilzmücken) und der Abschreckung von Feinden (z. B. Tiefseegarneelen).

b) Erzeugung von Wärme, Temperaturregulation

1. Wärmebilanz und Körpertemperatur

Die Körpertemperatur eines Tieres wird durch folgende Faktoren bestimmt:

1. Erzeugung von Wärme im Stoffwechsel.

Bei allen Tieren wird der größte Teil der im Stoffwechsel umgesetzten chemischen Energie in Wärme umgewandelt. Die Intensität der Wärmeproduktion entspricht daher der Stoffwechselintensität und folgt den gleichen Gesetzen wie diese (s. S. 23).

2. Wärmeaustausch mit der Umgebung durch Wärmeleitung und Konvektion.

In Flüssigkeiten und Gasen gibt es außer der Wärmeleitung noch den meist sehr viel wirkungsvolleren Mechanismus des Wärmetransports durch Strömung (Konvektion). Der Wärmetransport durch Leitung und Konvektion erfolgt in Wasser sehr viel rascher als in Luft; die Körpertemperatur von Wassertieren ist daher im allgemeinen von der des Mediums nicht sehr verschieden. Durch ruhende Luftschichten geht der Wärmetransport sehr langsam vonstatten; hierauf beruht die wärmeisolierende Wirkung der menschlichen Kleidung und des Haar- und Federkleides der Säugetiere und Vögel. Auch Fett hat eine kleine Wärmeleitzahl.

3. Wärmeaustausch mit der Umgebung durch Strahlung.

Dieser spielt nur bei Landtieren eine Rolle. Er ist proportional der Temperaturdifferenz zwischen dem strahlenden und dem strahlenabsorbierenden Körper, also nicht direkt abhängig von der Lufttemperatur. Tiere mit hoher Oberflächentemperatur verlieren im Schatten große Wärmemengen durch Strahlung; beim Menschen werden unter Grundumsatzbedingungen etwa 60 % der Wärme durch Strahlung abgegeben. Bei intensiver Sonnen- oder Himmelsstrahlung oder in der Nähe heißer Flächen gibt es auch bei niedriger Lufttemperatur körperwärts gerichtete Wärmeströme. Bei einem Menschen unter tropischer Sonne kann dieser Wärmeeinstrom durch Strahlung das 4—5fache der Wärmebildung im Körper ausmachen. Bei sich sonnenden Eidechsen beobachtet man eine Erhöhung der Körpertemperatur um 30 °, bei Laufkäfern um 20 °. Manche Reptilien können die Größe der Wärmeeinstrahlung durch Farbwechsel beeinflussen; sie zeigen dunkle Farbe und hohe Absorptionszahl bei niedriger Umgebungstemperatur und färben sich hell bei hoher Umgebungstemperatur.

4. Verdunstung von Wasser.

Bei der Verdunstung von 1 g Wasser werden 580 cal verbraucht. Alle Landtiere verlieren ständig Wasser und damit Wärme durch Verdunstung an den respiratorischen Oberflächen und — wenngleich in sehr verschiedenem Ausmaß — an der Haut.

Von dem Verhältnis der genannten Faktoren hängt ab, wie stark die Körpertemperatur von der Umgebungstemperatur abweicht. Abgesehen von den Vögeln und Säugern findet man nur selten größere Unterschiede zwischen Körper- und Umgebungstemperatur. Die beträchtlichen Differenzen, die durch Wärmeeinstrahlung hervorgerufen werden können, wurden schon erwähnt. Beim Thunfisch, der eine hohe Stoffwechselintensität und eine relativ kleine wärmeaustauschende Oberfläche besitzt, liegt die Bluttemperatur nach starker Bewegung bis zu 10 ° über der der Umgebung. Die Riesenschlange *Python* soll ihre Eier mit Hilfe ihrer erhöhten Körpertemperatur ausbrüten.

Viele Schmetterlinge fliegen erst ab, wenn sie durch Flügelschwirren die Temperatur im Brustabschnitt erhöht haben, beim Wolfsmilchschwärmer *Deilephila* z. B. auf + 32 bis + 36 °. Die Honigbiene vermag zwar nicht die Körpertemperatur des Einzeltieres, wohl aber die Stocktemperatur recht gut zu regulieren. Im Winter wird selbst bei Frost die Temperatur im Inneren der Bienentraube durch Stoffwechselwärme auf + 20 bis + 30 ° gehalten. Im Sommer vermag die Honigbiene ebenso wie die Feldwespe *Polistes* durch Eintragen von Wasser in das Nest und Flügelfächeln Verdunstungskälte zu erzeugen. Die Ameise *Formica rufa* beeinflußt durch Verschließen und Öffnen der Nesteingänge die Luftbewegung und damit die Temperatur im Nest. Außerdem sind bei dieser Art bestimmte Individuen als „Wärmeträger" tätig, indem sie durch Sonnen auf der Nestoberfläche ihre Körpertemperatur erhöhen und dann rasch in das Nest einlaufen.

Im Tierreich weit verbreitet sind bestimmte Verhaltensweisen im Dienste der Wärmebilanz, z. B. das Aufsuchen von Orten optimaler Temperatur (Vorzugstemperatur) oder Wärmeeinstrahlung.

2. *Homoiothermie*

Nur die Vögel und Säugetiere können ihre Wärmebilanz regulatorisch so beeinflussen, daß die Körpertemperatur auf hohem Niveau konstant bleibt (gleichwarme oder homoiotherme Tiere), alle anderen Tiere sind den Schwankungen der Umweltbedingungen weitgehend ausgeliefert (wechselwarme oder poikilotherme Tiere). Wesentlich an der Homoiothermie ist also nicht die hohe Körpertemperatur, die bei intensiver Wärmeeinstrahlung oder Wärmeproduktion ja auch von gewissen Poikilothermen erreicht werden kann, sondern die regulatorisch erzielte Temperaturkonstanz unter wechselnden Umweltbedingungen; die Begriffe „Warm-" und „Kaltblüter" treffen also nicht. Allerdings ist die Homoiothermie mehr als nur ein Regulationsphänomen; sie greift vielmehr tief in die Bereiche des Zellstoffwechsels ein. So ist der Sauerstoffverbrauch in den Geweben eines Homoiothermen bei allen Meßtemperaturen weit größer als in denen eines poikilothermen Wirbeltieres.

Die Körpertemperatur beträgt bei den meisten Säugern +36 bis +39 °, bei den Vögeln +40 bis +43 °. Die Temperatur schwankt beim ruhenden Tier gewöhnlich nur um 1—2 °. Verbreitet ist eine 24-Stunden-Rhythmik mit einem Temperaturmaximum gegen Ende der Aktivitätsperiode, das also bei Tagtieren auf den späten Nachmittag, bei Nachttieren auf die Zeit nach Mitternacht fällt. Im Fieber, aber auch bei schwerer körperlicher Arbeit wird die Temperatur auf einen höheren Wert einreguliert. Die Monotremen und Beuteltiere haben eine noch unvollkommene Temperaturregulation; bei ihnen betragen die Temperaturschwankungen bis zu 10 °. Auf der untersten Stufe der Homoiothermie stehen die Fledermäuse und einige Arten der Borstenigel Madagaskars (Tanreks), deren Temperaturregulation extrem labil ist. Bei ihnen kann die Körpertemperatur während des Tagesschlafes auf die Temperatur der Umgebung absinken. Sie sind jedoch imstande, jederzeit aus dieser Tagesschlaflethargie zu erwachen und ihren Körper durch Stoffwechselsteigerung rasch auf Wachtemperatur zu bringen.

Die Fähigkeit zur Temperaturregulation ist im Zeitpunkt der Geburt oder des Schlüpfens oft erst mangelhaft entwickelt. Frischgeschlüpfte Hühner oder neugeborene Meerschweinchen sind schon echte Homoiotherme, wenn auch der Bereich der Umwelttemperaturen, innerhalb dessen reguliert werden kann, noch etwas eingeschränkt ist. Menschliche Säuglinge und neugeborene Hunde zeigen noch unvollkommene Temperaturkonstanz; Tauben und Mäuse sind anfangs poikilotherm.

Am Körper aller Homoiothermen ist zu unterscheiden zwischen dem „Kern", dessen Temperatur konstant gehalten wird, und der „Schale", deren Temperatur mit der der Umgebung wechselt. Der Kern ist gleichsam der Heizkörper, die Schale der Kühler des Regelsystems. Die Grenze zwischen Kern und Schale ist variabel; beim Menschen kann die Schale zwischen 20 % (bei hoher Außentemperatur) und 50 % (bei niedriger Außentemperatur) der Körpermasse ausmachen.

Die Kerntemperatur hängt ab von dem Gleichgewicht zwischen Wärmebildung im Kern und Wärmeabgabe durch die Schale. Beide Faktoren können regulatorisch beeinflußt werden. Regulatorische Erhöhung der Wärmebildung („chemische" Temperaturregulation) kommt durch Erhöhung der Stoffwechselintensität insbesondere in den Muskeln zustande, im Extremfall als sichtbares „Zittern".

Erhöhung der Wärmeabgabe kann erstens auf Verbesserung des Wärmetransports vom Kern zur Schale beruhen, insbesondere durch Mehrdurchblutung der Haut, zweitens auf Vermehrung der Wärmeabgabe von der Schale an die Umgebung. Die Durchblutungsänderung ist für die Temperaturregulation des Menschen von großer Bedeutung; bei den Säugetieren kommt sie nur an unbehaarten oder schwach behaarten Körperstellen vor, z. B. den Ohren des Kaninchens, der Flughaut der Fledermäuse oder der Zunge des Hundes. Den Vögeln fehlt sie ganz; sie wäre hier wegen der ausgezeichneten Wärmeisolation durch das Gefieder ohne Wirkung.

Von den vier Mechanismen der Wärmeabgabe (Strahlung, Leitung, Konvektion, Verdunstung) ist besonders die Verdunstung der Regulation zugänglich. Eine geringe Wasserverdunstung durch die Haut (perspiratio insensibilis) gibt es bei allen Säugetieren und Vögeln. Die Schweißsekretion ist nur bei Pferd und

Esel so wirkungsvoll wie beim Menschen; bei Rind und Schaf ist sie noch von Bedeutung für die Temperaturregulation; der Hund zeigt normalerweise keine Schweißsekretion, obwohl er am ganzen Körper anatomisch nachweisbare Schweißdrüsen besitzt. Den Vögeln, Monotremen und vielen Nagetieren fehlen die Schweißdrüsen völlig.

Bei den Vögeln und allen Säugetieren mit fehlender oder schwacher Schweißabsonderung ist die Wasserverdunstung durch die Atemwege von großer Bedeutung, die durch flache, frequente Atembewegungen (Hecheln, Polypnoe) verstärkt werden kann. Beim Menschen und den Pferdeverwandten gibt es keine Polypnoe. Bekannt ist das Hecheln des Hundes, der das Minutenvolumen seiner Atmung auf das 27fache steigern kann.

Eine Verminderung der Wärmeabgabe durch die Haut kann dadurch erreicht werden, daß die wärmeisolierende Wirkung des Haar- oder Federkleides durch „Aufplustern" vergrößert wird. Dies geschieht durch Kontraktion der Haarbalgmuskeln. Die „Gänsehaut" des Menschen ist ein Rudiment dieser Fähigkeit.

Die genannten Regulationsmechanismen werden von Zentren vor allem in der Hypothalamusregion des Zwischenhirns gesteuert. Diese werden einerseits direkt durch die Bluttemperatur beeinflußt, erhalten andererseits Informationen von den Thermoreceptoren der Haut.

3. Der Winterschlaf

Manche Säugetiere, vielleicht auch einige Vögel, fallen im Winter in einen langdauernden Zustand der Lethargie, in dem alle Lebensfunktionen auf ein Minimum reduziert sind und die Körpertemperatur der Umgebungstemperatur angeglichen ist. Die biologische Bedeutung dieses Phänomens liegt in der Ersparnis von Stoffwechselenergie in Zeiten des Nahrungsmangels.

Echter Winterschlaf kommt unter den Säugetieren nur bei Monotremen (Schnabeligel *Tachyglossus*), Insektenfressern (z. B. Tanreks und Igeln), Fledermäusen und Nagetieren (z. B. Murmeltier, Ziesel, Hamster, Siebenschläfer, Haselmaus) vor. Gewisse andere Ruhezustände sollten vom Winterschlaf unterschieden werden: Viele Säuger (z. B. Dachs, Skunk, Bären) verbringen im Winter lange Zeiten schlafend in ihrem Bau (Winterruhe); Körpertemperatur und Stoffwechselintensität sind jedoch nicht wesentlich vermindert. Die Tagesschlaflethargie der Fledermäuse und Tanreks wurde schon auf S. 149 erwähnt; sie kann bei niedriger Umgebungstemperatur gleitend in den Winterschlaf übergehen. Nächtliche Lethargie mit Herabsetzung der Körpertemperatur ist von Vögeln bekannt, z. B. jungen Mauerseglern und Kolibris (s. S. 25). Bei der amerikanischen Nachtschwalbe *Phalacnoptilus* und ihren Verwandten können solche Lethargiezustände mehrere Tage andauern; hier liegt zumindest ein Übergang zum echten Winterschlaf vor. Auch im gewöhnlichen Ruheschlaf sind Stoffwechsel und Körpertemperatur herabgesetzt, wenn auch weit weniger einschneidend als im Winterschlaf.

Im tiefen Winterschlaf ist der Stoffwechsel extrem reduziert. Beim Murmeltier z. B. erfolgt nur alle 4—5 min ein Atemzug gegenüber 25—30/min im Wachzustand; die Herzfrequenz ist von 200/min auf 4—10/min herabgesetzt. Der Sauerstoffverbrauch der Winterschläfer sinkt bei niedriger Umgebungstemperatur auf etwa 20 ml/kg · h. Die tiefsten Körpertemperaturen liegen nahe bei 0 °. Dennoch sind die Lebensfunktionen nicht gänzlich erloschen. So bleiben die winterschlafenden Tiere reizbar und können z. B. durch Berührung geweckt werden. Der Vorgang des Erwachens beansprucht eine gewisse Zeit (½—5 Stunden), ist aber von dramatischen Veränderungen begleitet. Unter Stoffwechselsteigerung bis auf das Mehrfache des im Wachzustand gefundenen Grundumsatzes wird der Körper auf Wachtemperatur gebracht; von einer gewissen Körpertemperatur ab beginnt das bis dahin lethargische Tier aktive Bewegungen auszuführen. Während im tiefen Winterschlaf der Fettabbau überwiegt (RQ etwa 0,7), erfolgt das Erwachen auf Kosten der Glykogenvorräte (RQ etwa 1,0).

Im Winterschlaf ist die Temperaturregulation nicht vollständig ausgestaltet. Eine minimale Körpertemperatur nahe 0 ° kann auch bei Umgebungstemperaturen unter dem Gefrierpunkt aufrechterhalten werden. Kältereize können auch zum Erwachen führen. Nur den Fledermäusen fehlt diese Fähigkeit; sie sterben beim Absinken der Außentemperatur unter etwa – 5 °.

Der Eintritt in den Winterschlaf wird vor allem durch tiefe Außentemperaturen ausgelöst. Die kritische Temperatur ist artspezifisch, sie beträgt z. B. beim Hamster 9—10 °, bei der Haselmaus 15—16 °. Nicht stets jedoch führt Unterschreiten dieser kritischen Temperatur zum Winterschlaf, es muß eine Winterschlafbereitschaft vorhanden sein. Diese ist die Summe noch unvollkommen verstandener innerer Faktoren, unter denen der Zustand des Hormonsystems und zentralnervöse Mechanismen zweifellos eine bedeutende Rolle spielen. Der Eintritt in den Winterschlaf erfolgt nicht schlagartig, sondern wird in einer Periode zunehmender Schwankungen der Körpertemperatur vorbereitet. Diese Schwankungen werden immer größer, bis schließlich die Lethargie zum Dauerzustand wird.

Zusammenfassend läßt sich sagen, daß der Winterschlaf — ebenso wie der gewöhnliche Ruheschlaf — ein eigener Lebenszustand ist, in dem alle Lebensprozesse des Körpers verändert sind.

Register

(* bezeichnet Abbildung)

Sammlung Göschen

Gesamtverzeichnis

Jeder Band DM 3,60 · Doppelband DM 5,80
Dreifachband DM 7,80

1969

Walter de Gruyter & Co · Berlin 30

Die Bände der **Sammlung Göschen** vermitteln in konzentrierter Form den grundlegenden Stoff für das Studium der einzelnen wissenschaftlichen Disziplinen. Sie sind nicht nur Hilfsmittel für die Arbeit an Universitäten und Hochschulen, sondern auch vorzüglich geeignet für Fachschulen, Arbeitskreise und zum Selbststudium. Die Fülle des Materials hat sich besonders für die Vorbereitung zu Examina und Prüfungen bewährt. Auch eine schnelle Orientierung geht hier niemals auf Kosten der Gründlichkeit.

Inhaltsübersicht

Geisteswissenschaften

Philosophie

Einführung in die Philosophie von H. Leisegang†. 6. Aufl. 146 S. 1966. (281)

Hauptprobleme der Philosophie von G. Simmel†. 8., unveränd. Aufl. 177 S. 1964. (500)

Geschichte der Philosophie

I: Die griechische Philosophie von W. Capelle. 1. Tl. Von Thales bis Leukippos. 3., erw. Aufl. Etwa 135 S. In Vorb (857)

II: Die griechische Philosophie von W. Capelle. 2. Tl. Von der Sophistik bis zum Tode Platons. 3., stark erw. Aufl. Etwa 144 S. In Vorb. (858)

III: Die griechische Philosophie von W. Capelle. 3. Tl. Vom Tode Platons bis zur Alten Stoa. 2., stark erw. Aufl. 132 S. 1954. (859)

IV: Die griechische Philosophie von W. Capelle. 4. Tl. Von der Alten Stoa bis zum Eklektizismus im 1. Jh. v. Chr. 2., stark erw. Aufl. 132 S. 1954. (863)

V: Die Philosophie des Mittelalters von J. Koch. In Vorb. (826)

VI: Von der Renaissance bis Kant von K. Schilling. 234 S. 1954. (394/394a)

VII: Immanuel Kant von F. Kaulbach. In Vorb. (536)

VIII: Die Philosophie des 19. Jahrhunderts von G. Lehmann. 1. Tl. 151 S. 1953. (571)

IX: Die Philosophie des 19. Jahrhunderts von G. Lehmann. 2. Tl. 168 S. 1953. (709)

X: Die Philosophie im ersten Drittel des 20. Jahrhunderts 1. Tl. von G. Lehmann. 128 S. 1957. (845)

XI: Die Philosophie im ersten Drittel des 20. Jahrhunderts 2. Tl. von G. Lehmann. 114 S. 1960. (850)

Die geistige Situation der Zeit (1931) von K. Jaspers. 6. Abdr. der im Sommer 1932 bearb. 5. Aufl. 211 S. 1965. (1000)

Formale Logik von P. Lorenzen. 3., durchges. u. erw. Aufl. 184 S. 1967. (1176/1176a)

Philosophisches Wörterbuch von M. Apel†. 5., völl. neu bearb. Aufl. von P. Ludz. 315 S. 1958. (1031/1031a)

Philosophische Anthropologie. Menschliche Selbstdeutung in Geschichte und Gegenwart von M. Landmann. 3., überarb. u. erw. Aufl. 222 S. 1969 (156/156a)

Pädagogik, Psychologie, Soziologie

Geschichte der Pädagogik von Herm. Weimer. 17., neubearb. Aufl. von Heinz Weimer. 205 S. 1967. (145/145a)

Allgemeine Psychologie von Th. Erismann†. 4 Bde.
I: Grundprobleme. 3. Aufl. 146 S. 1965. (831)
II: Grundarten des psychischen Geschehens. 2., neubearb. Aufl. 248 S. 1959. (832/832a)
III: Experimentelle Psychologie und ihre Grundlagen. 1. Tl. 2., neubearb. Aufl. 112 S., 7 Abb. 1962. (833)
IV: Experimentelle Psychologie und ihre Grundlagen. 2. Tl. 2., neubearb. Aufl. 199 S., 20 Abb. 1962. (834/834a)

Psychologie des Berufs- und Wirtschaftslebens von W. Moede†. 190 S. 48 Abb. 1958. (851/851a)

Therapeutische Psychologie. Ihr Weg durch die Psychoanalyse von W. M. Kranefeldt. M. e. Einf. von C. G. Jung. 3. Aufl. 152 S. 1956. (1034)

Sozialpsychologie von P. R. Hofstätter. 3. Aufl. 191 S., 18 Abb. 1967. (104/104a)

Soziologie. Geschichte und Hauptprobleme von L. von Wiese. 8. Aufl. 183 S. 1967. (101/101a)

Ideengeschichte der sozialen Bewegung des 19. und 20. Jh. von W. Hofmann. 2., neubearb. u. erg. Aufl. unt. Mitw. von W. Abendroth. 296 S. 1968. (1205/1205a)

Methoden der empirischen Sozialforschung von P. Atteslander. Unt. Mitarb. von K. Baumgartner, F. Haag, J. Ötterli, R. Steiner. 313 S. 1969. (1229/1229a)

Religionssoziologie von G. Kehrer. 158 S. 1968. (1228)

Wirtschaftssoziologie von F. Fürstenberg. 122 S. 1961. (1193)

Industrie- und Betriebssoziologie von W. Burisch. 5., neubearb. u. erw. Aufl. der bisherigen Darstellung von R. Dahrendorf. Etwa 214 S., 3 Fig. 1969. (103/103a)

Einführung in die Sozialethik von H.-D. Wendland. 144 S. 1963. (1203

Religion

Jesus von M. Dibelius†. 4. Aufl. m. e. Nachtr. von W. G. Kümmel. 140 S. 1966. (1130)

Paulus von M. Dibelius†. Nach dem Tode des Verf. hrsg. u. zu Ende gef. von W. G. Kümmel. 3., durchges. Aufl. 156 S. 1964. (1160)

Luther von F. Lau. 2., verb. Aufl. 153 S. 1966. (1187)

Melanchthon von R. Stupperich. 139 S. 1960. (1190)

Zwingli von F. Schmidt-Clausing. 119 S. 1965. (1219)

Friedrich Schleiermacher. Leben und Werk (1768 bis 1834) von M. Redeker. 320 S., 3 Bildn. 1968. (1177/1177a)

Sören Kierkegaard. Leben und Werk von H. Gerdes. 134 S. 1966. (1221)

Einführung in die Konfessionskunde der orthodoxen Kirchen von K. Onasch. 291 S. 1962. (1197/1197a)

Geschichte des christlichen Gottesdienstes von W. Nagel. 215 S. 1962. (1202/1202a)

Geschichte Israels. Von den Anfängen bis zur Zerstörung des Tempels (70 n. Chr.) von E. L. Ehrlich. 2. Aufl. In Vorb. (231/231a)

Römische Religionsgeschichte von F. Altheim. 2 Bde. 2., umgearb. Aufl.
I: Grundlagen und Grundbegriffe. 116 S. 1956. (1035)
II: Der geschichtliche Ablauf. 164 S. 1956. (1052)

Die Religion des Buddhismus von D. Schlingloff. 2 Bde.
I: Der Heilsweg des Mönchstums. 122 S., 11 Abb., 1 Kte. 1962. (174)
II: Der Heilsweg für die Welt. 129 S., 9 Abb., 1 Kte. 1963. (770)

Musik

Musikästhetik von H. J. Moser. 180 S. M. zahlr. Notenbeisp. 1953. (344)

Systematische Modulation von R. Hernried. 2. Aufl. 136 S. M. zahlr. Notenbeisp. 1950. (1094)

Der polyphone Satz von E. Pepping. 2 Bde.
I: Der cantus-firmus-Satz. 2. Aufl. 223 S. Mit zahlr. Notenbeisp. 1950. (1148)
II: Übungen im doppelten Kontrapunkt und im Kanon. 137 S. M. zahlr. Notenbeisp. 1957. (1164/1164a)

Allgemeine Musiklehre von H. J. Moser. 3. Aufl. 154 S. M. zahlr. Notenbeisp. 1968. (220/220a)

Harmonielehre von H. J. Moser. 2. Aufl. 109 S. M. 122 Notenbeisp. 1968. (809)

Die Musik des 19. Jahrhunderts von W. Oehlmann. 180 S. 1953. (170)

Die Musik des 20. Jahrhunderts von W. Oehlmann. 312 S. 1961. (171/171a)

Technik der deutschen Gesangskunst von H. J. Moser. 3., durchges. u. verb. Aufl. 144 S., 5 Fig., sowie Tab. u. Notenbeisp. 1954. (576/576a)

Die Kunst des Dirigierens von H. W. von Waltershausen†. 2., verm. Aufl. 138 S. M. 19 Notenbeisp. 1954. (1147)

Die Technik des Klavierspiels aus dem Geiste des musikalischen Kunstwerkes von K. Schubert†. 3. Aufl. 110 S. M. Notenbeisp. 1954. (1045)

Kunst

Stilkunde von H. Weigert. 2 Bde.
I: Vorzeit, Antike, Mittelalter. 4. Aufl. Etwa 136 S., 94 Abb. In Vorb. (80)
II: Spätmittelalter und Neuzeit. 3., durchges. u. erg. Aufl. 150 S., 88 Abb. 1958. (781)

Archäologie von A. Rumpf. 3 Bde.
I: Einleitung, historischer Überblick. 143 S., 6 Abb., 12 Taf. 1953. (538)
II: Die Archäologensprache. Die antiken Reproduktionen. 136 S., 7 Abb., 12 Taf. 1956. (539)
III: In Vorb. (540)

Geschichte

Einführung in die Geschichtswissenschaft von P. Kirn. 5., bearb. u. erg. Aufl. von J. Leuschner. 134 S. 1968. (270)

Einführung in die Zeitgeschichte von B. Scheurig. 101 S. 1962. (1204)

Zeitrechnung der römischen Kaiserzeit, des Mittelalters und der Neuzeit für die Jahre 1—2000 n. Chr. von H. Lietzmann†. 3. Aufl., durchges. von K. Aland. 130 S. 1956. (1085)

Kultur der Urzeit von F. Behn. 3 Bde. 4. Aufl. der Kultur der Urzeit Bd. 1—3 von M. Hoernes.
I: Die vormetallischen Kulturen. (Die Steinzeiten Europas. Gleichartige Kulturen in anderen Erdteilen.) 172 S., 48 Abb. 1950. (564)
II: Die älteren Metallkulturen. (Der Beginn der Metallbenutzung, Kupfer- und Bronzezeit in Europa, im Orient und in Amerika.) 160 S., 67 Abb. 1950. (565)
III: Die jüngeren Metallkulturen. (Das Eisen als Kulturmetall, Hallstatt-Latène-Kultur in Europa. Das erste Auftreten des Eisens in den anderen Weltteilen.) 149 S., 60 Abb. 1950. (566)

Vorgeschichte Europas von F. Behn. Neuaufl. In Vorb. (42)

Der Eintritt der Germanen in die Geschichte von J. Haller†. 4. Aufl., durchges. von H. Dannenbauer. 120 S., 6 Kartensk. In Vorb. (1117)

Von den Karolingern zu den Staufern. Die altdeutsche Kaiserzeit (900—1250) von J. Haller†. 5., durchges. Aufl. von H. Dannenbauer. 142 S., 4 Ktn. In Vorb. (1065)

Von den Staufern zu den Habsburgern. Auflösung des Reichs und Emporkommen der Landesstaaten (1250—1519) von J. Haller†. 2., durchges. Aufl. von H. Dannenbauer. 118 S., 6 Kartensk. 1960. (1077)

Deutsche Geschichte im Zeitalter der Reformation, der Gegenreformation und des dreißigjährigen Krieges von F. Hartung. 2., durchges. Aufl. 128 S. 1963. (1105)

Deutsche Geschichte von 1648—1740. Politischer und geistiger Wiederaufbau von W. Treue. 120 S. 1956. (35)

Deutsche Geschichte von 1713—1806. Von der Schaffung des europäischen Gleichgewichts bis zu Napoleons Herrschaft von W. Treue. 168 S. 1957. (39)

Deutsche Geschichte von 1806—1890. Vom Ende des alten bis zur Höhe des neuen Reiches von W. Treue. 128 S. 1961. (893)

Deutsche Geschichte von 1890 bis zur Gegenwart von W. Treue. In Vorb. (894)

Quellenkunde der Deutschen Geschichte im Mittelalter (bis zur Mitte des 15. Jahrhunderts) von K. Jacob†. 3 Bde.
I: Einleitung. Allgemeiner Teil. Die Zeit der Karolinger. 6. Aufl., bearb. von H. Hohenleutner. 127 S. 1959. (279)
II: Die Kaiserzeit (911—1250). 6. Aufl. von H. Hohenleutner. 141 S. 1968. (280)
III: Das Spätmittelalter (vom Interregnum bis 1500). Hrsg. von F. Weden. 2. Aufl. In Vorb. (284)

Geschichte Englands von H. Preller. 2 Bde.
I: bis 1815. 4., erw. Aufl. 128 S., 7 Stammtaf., 1 Kte. 1967. (375)
II: Von 1815 bis 1910. 2., völl. umgearb. Aufl. 118 S., 1 Stammtaf., 7 Ktn. 1954. (1088)

Römische Geschichte von F. Altheim. 4 Bde. 2., verb. Aufl.
I: Bis zur Schlacht bei Pydna (168 v. Chr.). 124 S. 1956. (19)
II: Bis zur Schlacht bei Actium (31 v. Chr.). 129 S. 1956. (677)
III: Bis zur Schlacht an der Milvischen Brücke (312 n. Chr.). 148 S. 1958. (679)
IV: Bis zur Schlacht am Yarmuk (636 n. Chr.). In Vorb. (684)

Geschichte der Vereinigten Staaten von Amerika von O. Graf zu Stolberg-Wernigerode. 192 S., 10 Ktn. 1956. (1051/1051a)

Deutsche Sprache und Literatur

Geschichte der deutschen Sprache von H. Sperber. Neubearb. von P. von Polenz. 6. Aufl. 136 S. 1968. (915)

Deutsches Rechtschreibungswörterbuch von M. Gottschaldt†. 2., verb. Aufl. 269 S. 1953. (200/200a)

Deutsche Wortkunde. Kulturgeschichte des deutschen Wortschatzes von A. Schirmer. 6. Aufl. von W. Mitzka. 125 S. 1969. Im Druck. (929)

Deutsche Sprachlehre von W. Hofstaetter. 10. Aufl. Völl. Umarb. der 8. Aufl. 150 S. 1960. (20)

Stimmkunde für Beruf, Kunst und Heilzwecke von H. Biehle. 111 S. 1955. (60)

Redetechnik. Einführung in die Rhetorik von H. Biehle. 3., neubearb. Aufl. 212 S. 1968. (61/61a)

Einführung in die Phonetik von M. Schubiger. 1969. In Vorb. (1217/1217a)

Grundlagen der Sprecherziehung von J. Jesch. 93 S., 8 Abb. 1967. (1122)

Deutsches Dichten und Denken von der germanischen bis zur staufischen Zeit von H. Naumann†. (Deutsche Literaturgeschichte vom 5.—13. Jahrhundert.) 3., verb. Aufl. In Vorb. (1121)

Deutsches Dichten und Denken vom Mittelalter zur Neuzeit von G. Müller (1270 bis 1700). 3., durchges. Aufl. In Vorb. (1086)

Deutsches Dichten und Denken von der Aufklärung bis zum Realismus (Deutsche Literaturgeschichte von 1700—1890) von K. Viëtor†. 4. Aufl. In Vorb. (1096)

Deutsche Heldensage von H. Schneider. 2. Aufl., bearb. von R. Wisniewski. 148 S. 1964. (32)

Der Nibelunge Nôt in Auswahl. Mit kurzem Wörterbuch hrsg. von K. Langosch. 11., durchges. Aufl. 166 S. 1966. (1)

Kudrun und Dietrich-Epen in Auswahl mit Wörterbuch von O. L. Jiriczek. 6. Aufl., bearb. von R. Wisniewski. 173 S. 1957. (10)

Wolfram von Eschenbach, Parzival. Eine Auswahl mit Anmerkungen und Wörterbuch von H. Jantzen. 3. Aufl., bearb. von H. Kolb. 128 S. 1966. (921)

Hartmann von Aue. Der arme Heinrich nebst einer Auswahl aus der „Klage", dem „Gregorius" und den „Liedern" (mit einem Wörterverzeichnis) 2., verb. Aufl., hrsg. von F. Maurer. 96 S. 1968. (18)

Gottfried von Straßburg. Tristan und Isolde in Auswahl hrsg. von F. Maurer. 2. Aufl. 142 S. 1965. (22)

Die deutschen Personennamen von M. Gottschaldt†. 2., verb. Aufl. 151 S. 1955. (422)

Althochdeutsches Elementarbuch. Grammatik und Texte von H. Naumann† u. W. Betz. 4., verb. u. verm. Aufl. 183 S. 1967. (1111/1111a)

Mittelhochdeutsche Grammatik von H. de Boor u. R. Wisniewski. 5., durchges. Aufl. 150 S. 1967. (1108)

Indogermanisch, Germanisch

Indogermanische Sprachwissenschaft von H. Krahe. 2 Bde.
I: Einleitung und Lautlehre. 5. Aufl. 110 S. 1966. (59)
II: Formenlehre. 5., neubearb. Aufl. 100 S. 1969. (64)

Sanskrit-Grammatik mit sprachvergleichenden Erläuterungen von M. Mayrhofer. 2., völl. neu bearb. Aufl. 110 S. 1965. (1158/1158a)

Altirische Grammatik von J. Pokorny. 2. Aufl. In Vorb. (896/896a)

Gotisches Elementarbuch. Grammatik. Texte mit Übersetzung und Erläuterungen von H. Hempel. 4., neubearb. Aufl. 169 S. 1966. (79/79a)

Altnordisches Elementarbuch. Einführung, Grammatik, Texte (zum Teil mit Übersetzung) und Wörterbuch von F. Ranke. 3., völl. umgearb. Aufl. von D. Hofmann. 205 S. 1967. (1115/1115a/1115b)

Germanische Sprachwissenschaft von H. Krahe. 3 Bde.
I: Einleitung und Lautlehre. 7. Aufl. bearb. von W. Meid. 1969. In Vorb. (238)
II: Formenlehre. 6. Aufl. 149 S. 1967. (780)
III: Wortbildungslehre von W. Meid. 270 S. 1967. (1218/1218a/1218b)

Englisch, Romanisch

Altenglisches Elementarbuch. Einführung, Grammatik, Texte mit Übersetzung und Wörterbuch von M. Lehnert. 7., verb. Aufl. 178 S. 1969. (1125)

Mittelenglisches Elementarbuch. Einführung, Grammatik, Texte mit Übersetzung und Wörterbuch von H. Weinstock. 239 S. 1968. (1226/1226a/1226b)

Historische neuenglische Laut- und Formenlehre von F. Ekwall. 4., verb. Aufl. 150 S. 1965. (735)

Englische Phonetik von H. Mutschmann†. 2. Aufl., bearb. von G. Scherer. 127 S. 1963. (601)

Englische Literaturgeschichte von F. Schubel. 4 Bde.
I: Die alt- und mittelenglische Periode. 2., neubearb. Aufl. 189 S. 1967. (1114/1114a)
II: Von der Renaissance bis zur Aufklärung. 160 S 1956. (1116)
III: Romantik und Viktorianismus. 160 S. 1960. (1124)

Beowulf. Eine Auswahl mit Einführung, teilweiser Übersetzung, Anmerkungen und etymologischem Wörterbuch von M. Lehnert. 4., verb. Aufl. 135 S. 1967. (1135)

Shakespeare von P. Meißner†. 2. Aufl., neubearb. von M. Lehnert. 136 S. 1954. (1142)

Romanische Sprachwissenschaft von H. Lausberg. 4 Bde.
I: Einleitung und Vokalismus. 3., durchges. Aufl. 211 S. 1969. (128/128a)
II: Konsonantismus. 2., durchges. Aufl. 95 S. 1967. (250)
III: Formenlehre. 1. Teil. 99 S. 1962. (1199)
III Formenlehre. 2. Teil. S. 99—260. 1962. (1200/1200a)
IV: Wortlehre. In Vorb. (1208)

Griechisch, Lateinisch

Griechische Sprachwissenschaft von W. Brandenstein. 3 Bde.
I: Einleitung, Lautsystem, Etymologie. 160 S. 1954. (117)
II: Wortbildung und Formenlehre. 192 S. 1959. (118/118a)
III: Syntax I. Einleitung. Die Flexibilien. 145 S. 1966. (924/924a)

Geschichte der griechischen Sprache. 2 Bde.
I: Bis zum Ausgang der klassischen Zeit von O. Hoffmann und A. Debrunner. 4., neubearb. Aufl. von A. Scherer. 1969. (111/111a)
II: Grundfragen und Grundzüge des nachklassischen Griechisch von A. Debrunner. 2. Aufl., bearb. von A. Scherer. 1969. (114/114a)

Geschichte der griechischen Literatur von W. Nestle. 2 Bde. 3. Aufl., bearb. von W. Liebich.
I: 144 S. 1961. (70)
II: 149 S. 1963. (557)

Grammatik der neugriechischen Volkssprache von J. Kalitsunakis. 3., wes. erw. u. verb. Aufl. 196 S. 1963. (756/756a)

Neugriechisch-deutsches Gesprächsbuch von J. Kalitsunakis. 2. Aufl., bearb. von A. Steinmetz. 99 S. 1960. (587)

Geschichte der lateinischen Sprache von F. Stolz u. A. Debrunner†. 4., stark umgearb. Aufl. von W. P. Schmid. 145 S. 1966. (492/492a)

Geschichte der römischen Literatur von L. Bieler. 2., verb. Aufl. 2 Bde.
I: Die Literatur der Republik. 160 S. 1965. (52)
II: Die Literatur der Kaiserzeit. 133 S. 1965. (866)

Orientalistik, Slavistik

Die Keilschrift von B. Meissner. 3., völl. neu bearb. Aufl. von K. Oberhuber. 164 S., 6 Abb. 1967. (708/708a/708b)

Die Hieroglyphen von A. Erman. 3. Aufl., neubearb. von O. Krückmann. In Vorb. (608/608a/608b)

Hebräische Grammatik von R. Meyer. 3 Bde.
I: Einleitung, Schrift- und Lautlehre. 3., neubearb. Aufl. 120 S. 1966. (763/763a/763b)
II: Formenlehre und Flexionstabellen. 3., neubearb. Aufl. 221 S. 1969. (764/764a/764b)
III: Satzlehre. In Vorb. (765/765a/765b)

Hebräisches Textbuch zu G. Beer-R. Meyer, Hebräische Grammatik von R. Meyer. 170 S. 1960. (769/769a)

Slavische Sprachwissenschaft von H. Bräuer. 5 Bde.
I: Einleitung, Lautlehre. 221 S. 1961. (1191/1191a)
II: Formenlehre. 1. Tl. 190 S. 1969. (1192/1192a/1192b)
III: Formenlehre. 2. Tl. 160 S. 1969. (1236/1236a)

Vergleichende Geschichte der slavischen Literaturen von D. Tschižewskij. 2 Bde.
I: Einführung. Anfänge des slavischen Schrifttums bis zum Klassizismus. 186 S. 1968. (1222/1222a)
II: Von der Romantik bis zur Moderne. 133 S. 1968. (1223)

Russische Grammatik von E. Berneker†. 6., verb. Aufl. von M. Vasmer†. 155 S. 1961. (66)

Polnische Grammatik von N. Damerau. 139 S. 1967. (942/942a)

Erd- und Länderkunde, Kartographie

Afrika von F. Jaeger. Ein geographischer Überblick. 2 Bde. 3. Aufl.
I: Der Lebensraum. 179 S., 18 Abb. In Vorb. (910)
II: Mensch und Kultur. 155 S., 6 Abb. In Vorb. (911)

Australien und Ozeanien von H. J. Krug. 176 S., 46 Sk. 1953. (319)

Kartographie von V. Heissler. 3. Aufl. 213 S., 125 Abb., 8 Anl. 1968. (30/30a)

Wirtschaft, Statistik, Publizistik

Allgemeine Betriebswirtschaftslehre von K. Mellerowicz. 4 Bde. 12. u. 13., durchges., erw. u. veränd. Aufl.
I: 224 S. 1969. (1008/1008a)
II: 188 S. 1966. (1153/1153a)
III: 260 S. 1967. (1154/1154a)
IV: 217 S. 1968. (1186/1186a)

Allgemeine Volkswirtschaftslehre von A. Paulsen. 4 Bde.
I: Grundlegung, Wirtschaftskreislauf. 8. Aufl. 159 S., 11 Abb. 1968. (1169)
II: Haushalte, Unternehmungen, Marktformen. 8. Aufl. 203 S., 35 Abb. 1968. (1170/1170a)
III: Produktionsfaktoren. 5., neubearb. u. erg. Aufl. 228 S., 24 Abb. 1967. (1171/1171a)
IV: Gesamtbeschäftigung, Konjunkturen, Wachstum. 5. Aufl. 188 S. 1968. (1172)

Übungsaufgaben mit Lösungen zu A. Paulsen, Allgemeine Volkswirtschaftslehre I/II von W. Wedig. 177 S. 1967. (1227/1227a)

Geschichte der Volkswirtschaftslehre von S. Wendt. 2., neubearb. Aufl. 184 S. 1968. (1194/1194a)

Allgemeine Volkswirtschaftspolitik von H. Ohm. 2 Bde.
I: Systematisch-theoretische Grundlegung. 3., verb. u. erg. Aufl. Etwa 160 S., 7 Abb. 1969. (1195)
II: Der volkswirtschaftliche Gesamtorganismus als Objekt der Wirtschaftspolitik. Etwa 180 S. 1969. (1196/1196a)

Finanzwissenschaft von H. Kolms. 4 Bde.
I: Grundlegung, Öffentliche Ausgaben. 3., verb. Aufl. 165 S. 1966. (148)
II: Erwerbseinkünfte, Gebühren und Beiträge, Allgemeine Steuerlehre. 3., verb. Aufl. 154 S. 1966. (391)
III: Besondere Steuerlehre. 2., verb. u. erg. Aufl. 205 S. 1967. (776/776a)
IV: Öffentlicher Kredit, Öffentlicher Haushalt, Finanzausgleich. 191 S. 1964. (782/782a)

Finanzmathematik von M. Nicolas. 2., verb. Aufl. 192 S., 11 Taf., 8 Tab. u. 72 Beisp. 1967. (1183/1183a)

Programmierung von Datenverarbeitungsanlagen von H. J. Schneider u. D. Jurksch. 111 S., 8 Tab., 11 Abb. 1967. (1225/1225a)

Lineare Programmierung von H. Langen. Etwa 200 S. In Vorb.(1206/1206a)

Betriebsverbindungen von E. Grochla. Etwa 262 S., 12 Abb. 1969. (1235/1235a)

Buchhaltung und Bilanz von E. Kosiol. 2., überarb. u. veränd. Aufl. 186 S. 1967. (1213/1213a)

Kostenrechnung und Betriebsbuchhaltung von E. Kosiol. Etwa 250 S., 43 Abb. 1969. (1214/1214a)

Industrie- und Betriebssoziologie von W. Burisch. 5., neubearb. u. erw. Aufl. der bisherigen Darstellung von R. Dahrendorf. Etwa 214 S., 3 Fig. 1969. (103/103a)

Wirtschaftssoziologie von F. Fürstenberg. 122 S. 1961. (1193)

Psychologie des Berufs- und Wirtschaftslebens von W. Moede†. 190 S. 48 Abb. 1958. (851/851a)

Einführung in die Arbeitswissenschaft von H. H. Hilf. 169 S., 57 Abb. 1964. (1212/1212a)

Allgemeine Methodenlehre der Statistik von J. Pfanzagl. 2 Bde.
I: Elementare Methoden unter besonderer Berücksichtigung der Anwendungen in den Wirtschafts- und Sozialwissenschaften. 4., verb. Aufl. 266 S., 51 Abb. 1967. (746/746a)
II: Höhere Methoden unter besonderer Berücksichtigung der Anwendungen in Naturwissenschaften, Medizin und Technik. 3., verb. Aufl. 315 S., 41 Abb. 1968. (747/747a)

Werbung von C. Hundhausen. Etwa 112 S. 1969. (1231)

Wirtschaftswerbung von C. Hundhausen. 1969. In Vorb. (1232)

Public Relations von C. Hundhausen. 1969. Im Druck. (1233)

Propaganda von C. Hundhausen. In Vorb. (1234)

Zeitungslehre von E. Dovifat. 2 Bde. 5., neubearb. Aufl.
I: Theoretische und rechtliche Grundlagen — Nachricht und Meinung — Sprache und Form. 162 S. 1967. (1039/1039a)
II: Redaktion — Die Sparten: Verlag und Vertrieb, Wirtschaft und Technik — Sicherung der öffentlichen Aufgabe. 179 S. 1967. (1040/1040a)

Naturwissenschaften

Mathematik

Geschichte der Mathematik von J. E. Hofmann. 4 Bde.
I: Von den Anfängen bis zum Auftreten von Fermat und Descartes. 2., verb. u verm. Aufl. 251 S. 1963. (226/226a)
II: Von Fermat und Descartes bis zur Erfindung des Calculus und bis zum Ausbau der neuen Methoden. 109 S. 1957. (875)
III: Von den Auseinandersetzungen um den Calculus bis zur französischen Revolution. 107 S. 1957. (882)
IV. Geschichte der Mathematik der neuesten Zeit von N. Stuloff. In Vorb. (883)

Mathematische Formelsammlung von F. O. Ringleb. 8., verb. Aufl. 322 S., 40 Fig. 1968. (51/51a)

Vierstellige Tafeln und Gegentafeln für logarithmisches und trigonometrisches Rechnen in zwei Farben zusammengestellt von H. Schubert und R. Haussner. 3., neubearb. Aufl. von I. Erlebach. 158 S. 1960. (81)

Fünfstellige Logarithmen mit mehreren graphischen Rechentafeln und häufig vorkommenden Zahlenwerten von A. Adler. 4. Aufl., überarb. von J. Erlebach. 127 S., 1 Taf. 1962 (423)

Arithmetik von P. B. Fischer†. 3. Aufl. von H. Rohrbach. 152 S., 19 Abb. 1958. (47)

Höhere Algebra von H. Hasse. 2 Bde. 5., neubearb. Aufl.
I: Lineare Gleichungen. 150 S. 1963. (931)
II: Gleichungen höheren Grades. 158 S., 5 Fig. 1967. (932)

Aufgabensammlung zur höheren Algebra von H. Hasse u. W. Klobe. 3., verb. Aufl. 183 S. 1961. (1082)

Elementare und klassische Algebra vom modernen Standpunkt von W. Krull. 2 Bde.
I: 3., erw. Aufl. 148 S. 1963. (930)
II: 132 S. 1959. (933)

Algebraische Kurven und Flächen von W. Burau. 2 Bde.
I: Algebraische Kurven der Ebene. 153 S., 28 Abb. 1962. (435)
II: Algebraische Flächen 3. Grades und Raumkurven 3. und 4. Grades. 162 S., 17 Abb. 1962. (436/436a)

Einführung in die Zahlentheorie von A. Scholz†. Überarb. u. hrsg. von B. Schoeneberg. 4. Aufl. 128 S. 1966. (1131)

Formale Logik von P. Lorenzen. 3., durchges. u. erw. Aufl. 184 S. 1967. (1176/1176a)

Topologie von W. Franz. 2 Bde.
I: Allgemeine Topologie. 3. Aufl. 144 S., 9 Fig. 1968. (1181)
II: Algebraische Topologie. 153 S. 1965. (1182/1182a)

Elemente der Funktionentheorie von K. Knopp†. 7. Aufl. 144 S., 23 Fig. 1966. (1109)

Funktionentheorie von K. Knopp†. 2 Bde. 11. Aufl.
I: Grundlagen der allgemeinen Theorie der analytischen Funktionen. 144 S., 8 Fig. 1965. (668)
II: Anwendungen und Weiterführung der allgemeinen Theorie. 130 S., 7 Fig. 1965. (703)

Aufgabensammlung zur Funktionentheorie von K. Knopp†. 2 Bde.
I: Aufgaben zur elementaren Funktionentheorie. 7. Aufl. 135 S. 1965. (877)
II: Aufgaben zur höheren Funktionentheorie. 6. Aufl. 151 S. 1964. (878)

Differential- und Integralrechnung von M. Barner. 4 Bde.
I: Grenzwertbegriff, Differentialrechnung. 2., durchges. Aufl. 176 S., 39 Fig. 1963. (86)

Gewöhnliche Differentialgleichungen von G. Hoheisel. 7., neubearb. u. erw. Aufl. 142 S. 1965. (920/920a)

Partielle Differentialgleichungen von G. Hoheisel. 5. Aufl. 130 S. 1968. (1003)

Aufgabensammlung zu den gewöhnlichen und partiellen Differentialgleichungen von G. Hoheisel. 4., neubearb. Aufl. 153 S. 1964. (1059/1059a)

Integralgleichungen von G. Hoheisel. 2., neubearb. u. erw. Aufl. 112 S. 1963. (1099)

Mengenlehre von E. Kamke. 6. Aufl. 194 S., 6 Fig. 1969. (999/999a)

Gruppentheorie von L. Baumgartner. 4., erw. Aufl. 190 S., 3 Taf. 1964. (837/837a)

Ebene und sphärische Trigonometrie von G. Hessenberg†. 5. Aufl., durchges. von H. Kneser. 172 S., 60 Fig. 1957. (99)

Darstellende Geometrie von W. Haack. 3 Bde.
I: Die wichtigsten Darstellungsmethoden. Grund- und Aufriß ebenflächiger Körper. 6. Aufl. 113 S., 120 Abb. 1967. (142)
II: Körper mit krummen Begrenzungsflächen. Kotierte Projektionen. 5. Aufl. 129 S., 86 Abb. 1968. (143)
III: Axonometrie und Perspektive. 3. Aufl. 129 S., 100 Abb. 1965. (144)

Analytische Geometrie von K. P. Grotemeyer. 3., neubearb. Aufl. 218 S., 73 Abb. 1964. (65/65a)

Nichteuklidische Geometrie. Hyperbolische Geometrie der Ebene von R. Baldus†. 4. Aufl., bearb. u. erg. von F. Löbell. 158 S., 75 Fig. 1964. (970/970a)

Differentialgeometrie von K. Strubecker. 3 Bde.
I: Kurventheorie der Ebene und des Raumes. 2., erw. Aufl. 253 S., 45 Fig. 1964. (1113/1113a)

II: Theorie der Flächenmetrik. 2., erg. Aufl. 261 S., 23 Fig. 1969. (1179/1179a)
III: Theorie der Flächenkrümmung. 2., verb. Aufl. 264 S., 38 Fig. 1969. (1180/1180a)

Variationsrechnung vou L. Koschmieder. 2 Bde. 2., neubearb. Aufl.
I: Das freie und gebundene Extrem einfacher Grundintegrale. 128 S., 23 Fig. 1962. (1074)
II: Anwendung klassischer Verfahren auf allgemeine Fragen des Extrems. — Neuere unmittelbare Verfahren. In Vorb. (1075)

Einführung in die konforme Abbildung von L. Bieberbach. 6., neubearb. Aufl. 184 S., 41 Zeichng 1967. (768/768a)

Vektoren und Matrizen von S. Valentiner. 4. Aufl. (11., erw. Aufl. der „Vektoranalysis"). Mit Anh.: Aufgaben zur Vektorrechnung von H. König. 206 S., 35 Fig. 1967. (354/354a)

Wahrscheinlichkeitstheorie und Grundzüge der Maßtheorie von H. Bauer.
154 S. 1964. (1216/1216a)

Kinematik von H. R. Müller. 171 S., 75 Fig. 1963. (584/584a)

Versicherungsmathematik von F. Böhm. 2 Bde.
I: Elemente der Versicherungsrechnung 4. Aufl. In Vorb. (180)
II: Lebensversicherungsmathematik. Einführung in die technischen Grundlagen der Sozialversicherung. 2., verb. u. verm. Aufl. 205 S. 1953. (917/917a)

Finanzmathematik von M. Nicolas. 2., verb. Aufl. 192 S., 11 Taf., 8 Tab. u. 72 Beisp. 1967. (1183/1183a)

Lineare Programmierung von H. Langen. Etwa 200 S. In Vorb.(1206/1206a)

Programmierung von Datenverarbeitungsanlagen von H. J. Schneider u. D. Jurksch. 111 S., 8 Tab., 11 Abb. 1967. (1225/1225a)

Physik

Einführung in die theoretische Physik von W. Döring. 5 Bde.
I: Mechanik. 3., verb. Aufl. 125 S , 23 Abb. 1965. (76)
II: Das elektromagnetische Feld. 3., verb. Aufl. 143 S., 16 Abb. 1968. (77/77a)
III: Optik. 2., verb. Aufl. 117 S., 32 Abb. 1963. (78)
IV: Thermodynamik. 2., verb. Aufl. 107 S., › Abb. 1964. (374)
V: Statistische Mechanik. 2., umgearb. Aufl. 117 S., 10 Abb. 1966. (1017)

Mechanik deformierbarer Körper von M. Päsler. 199 S., 48 Abb. 1960. (1189/1189a)

Atomphysik von K. Bechert, Ch. Gerthsen† u. A. Flammersfeld. 4 Bde. 4., durchges. Aufl.
I: Allgemeine Grundlagen. 1. Teil von A. Flammersfeld. Neuaufl. In Vorb. (1009)
II: Allgemeine Grundlagen. 2. Teil von A. Flammersfeld. Neuaufl. In Vorb. (1033)
III: Theorie des Atombaus. 1. Teil von K. Bechert. 148 S., 16 Abb. 1963. (1123/1123a)

IV: Theorie des Atombaus. 2. Teil von K. Bechert. 170 S., 14 Abb. 1963. (1165/1165a)

Differentialgleichungen der Physik von F. Sauter. 4., durchges. u. erg. Aufl. 147 S., 16 Fig. 1966. (1070)

Physikalische Grundbegriffe und Formeln von G. Mahler†. Fortgef. von K. Mahler. Neubearb. von E. Sohr. 12. Aufl. d. „Physikalischen Formelsammlung". 171 S., 58 Fig. 1968. (136)

Physikalische Aufgabensammlung mit Ergebnissen von G. Mahler†. Fortgef. von K. Mahler. Neubearb. von E. Sohr. 13. Aufl. Etwa 160 S. (243)

Chemie

Geschichte der Chemie in kurzgefaßter Darstellung von G. Lockemann. 2 Bde. 2. Aufl.
I: Vom Altertum bis zur Entdeckung des Sauerstoffs. 142 S., 4 Bildn. In Vorb. (264)
II: Von der Entdeckung des Sauerstoffs bis zur Gegenwart. 151 S., 16 Bildn. In Vorb. (265/265a)

Anorganische Chemie von W. Klemm. 14. Aufl. 255 S., 34 Abb. 1967. (37/37a)

Organische Chemie von W. Schlenk jun. 11., durchges. Aufl. 273 S., 16 Abb. 1968. (38/38a)

Physikalische Methoden in der Organischen Chemie von G. Kresze. 2 Bde.
I: 119 S., 65 Abb. 1962. (44)
II: 164 S. 1962. (45/45a)

Allgemeine und physikalische Chemie von W. Schulze. 2 Bde.
I: 6., verb. Aufl. 139 S., 10 Fig. 1964. (71)
II: 6., erw. Aufl. 222 S., 49 Fig. 1968. (698/698a)

Molekülbau. Theoretische Grundlagen und Methoden der Strukturermittlung von W. Schulze. 2. Aufl. In Vorb. (786)

Einfache Versuche zur allgemeinen und physikalischen Chemie von E. Dehn. 371 Versuche m. 40 Abb. 272 S. 1962. (1201/1201a)

Physikalisch-chemische Rechenaufgaben von E. Asmus. 4., verb. Aufl. 96 S. 1967. (445)

Maßanalyse. Theorie und Praxis der klassischen und der elektrochemischen Titrierverfahren von G. Jander und K. F. Jahr. 11., durchges. Aufl. mitbearb. von H. Knoll. 359 S., 56 Fig. 1966. (221/221a)

Qualitative Analyse von H. Hofmann u. G. Jander. 3., durchges. u. verb. Aufl. 308 S., 5 Abb. 1967. (247/247a)

Stöchiometrische Aufgabensammlung von W. Bahrdt† u. R. Scheer. Mit den Ergebnissen. 9., durchges. Aufl. 119 S. 1967. (452/452a)

Elektrochemie von K. Vetter. 2 Bde.
I: In Vorb. (252)
II: In Vorb. (253)

Geochemie von K. H. Wedepohl. 221 S., 26 Abb., 37 Tab. 1967. (1224/1224a/1224b)

Kristallchemie von J. Zemann. 144 S., 90 Abb. 1966. (1220/1220a)

Technologie

Die Chemie der Kunststoffe von K. Hamann. 2., neu überarb. Aufl. unt. Mitarb. von W. Funke u. K. Nollen. 177 S. 1967. (1173/1173a)

Warenkunde von K. Hassak u. E. Beutel†. 2 Bde.
I: Anorganische Waren sowie Kohle und Erdöl. 8. Aufl. Neubearb. von A. Kutzelnigg 119 S., 18 Fig. 1958. (222)
II: Organische Waren. 8. Aufl. Vollst. neu bearb. von A. Kutzelnigg. 157 S., 32 Fig. 1959. (223)

Die Fette und Öle von Th. Klug. 6., verb. Aufl. 143 S. 1961. (335)

Die Seifenfabrikation von K. Braun†. 3., neubearb. u. verb. Aufl. von Th. Klug. 116 S., 18 Abb. 1953. (336)

Thermische Verfahrenstechnik von H. Bock. 3 Bde.
I: Eigenschaften und Verhalten der realen Stoffe. 184 S., 28 Abb. 1963. (1209/1209a)
II: Funktion und Berechnung der elementaren Geräte. 195 S., 54 Abb. 1964. (1210/1210a)
III: Fließbilder, ihre Funktion und ihr Zusammenbau aus Geräten. 224 S., 67 Abb. 1965. (1211/1211a)

Textilindustrie von A. Blümcke.
I: Spinnerei und Zwirnerei. 111 S., 43 Abb. 1954. (184)

Biologie

Einführung in die allgemeine Biologie und ihre philosophischen Grund- und Grenzfragen von M. Hartmann. 2., unveränd. Aufl. 132 S., 2 Abb. 1965. (96)

Hormone von W. Hanke. 3., völl. neu bearb. Aufl. Etwa 224 S., 38 Abb., 10 Tab. 1969. (1141/1141a)

Fortpflanzung im Tier- und Pflanzenreich von J. Hämmerling. 2., erg. Aufl. 135 S., 101 Abb. 1951. (1138)

Geschlecht und Geschlechtsbestimmung im Tier- und Pflanzenreich von M. Hartmann. 2., verb. Aufl. 116 S., 61 Abb., 7 Tab. 1951. (1127)

Symbiose der Tiere mit pflanzlichen Mikroorganismen von P. Buchner. 2., verb. u. verm. Aufl. 130 S., 121 Abb. 1949. (1128)

Grundriß der allgemeinen Mikrobiologie von W. u. A. Schwartz. 2 Bde. 2., verb. u. erg. Aufl.
I: 147 S., 25 Abb. 1960. (1155)
II: 142 S., 29 Abb. 1961. (1157)

Botanik

Entwicklungsgeschichte des Pflanzenreiches von H. Heil. 2. Aufl. 138 S., 94 Abb., 1 Tab. 1950. (1137)

Morphologie der Pflanzen von L. Geitler. 3., umgearb. Aufl. 126 S., 114 Abb. 1953. (141)

Pflanzengeographie von L. Diels†. 5., völl. neu bearb. Aufl. von F. Mattick. 195 S., 2 Ktn. 1958. (389/389a)

Die Laubhölzer. Kurzgefaßte Beschreibung der in Mitteleuropa gedeihenden Laubbäume und Sträucher von F. W. Negert† und E. Münch†. 3., durchges. Aufl., hrsg. von B. Huber. 143 S., 63 Fig., 7 Tab. 1950. (718)

Die Nadelhölzer (Koniferen) und übrigen Gymnospermen von F. W. Negert† und E. Münch†. 4. Aufl., durchges. u. erg. von B. Huber. 140 S., 75 Fig., 4 Tab., 3 Ktn. 1952. (355)

Pflanzenzüchtung von H. Kuckuck. 2 Bde.
I: Grundzüge der Pflanzenzüchtung. 4. Aufl. In Vorb. (1134)
II: Spezielle gartenbauliche Pflanzenzüchtung (Züchtung von Gemüse, Obst und Blumen). 2. Aufl. In Vorb. (1178/1178a)

Zoologie

Entwicklungsphysiologie der Tiere von F. Seidel. 2 Bde. 2. Aufl.
I: Ei und Furchung. In Vorb. (1162)
II: Körpergrundgestalt und Organbildung. In Vorb. (1163)

Vergleichende Physiologie der Tiere von K. Herter. 2 Bde. 4. Aufl. der „Tierphysiologie".
I: Stoff- und Energiewechsel. Neu bearb. von K. Urich. 158 S., 61 Abb. 1966. (972/972a)
II: Bewegung und Reizerscheinungen. Neu bearb. von G. Birukow. In Vorb. (973/973a)

Das Tierreich
I: Einzeller, Protozoen von E. Reichenow. 2. Aufl. Etwa 115 S., 59 Abb. In Vorb. (444)
II: Schwämme und Hohltiere von H. J. Hannemann. 95 S., 80 Abb. 1956. (442)
III: Würmer. Platt-, Hohl-, Schnurwürmer, Kamptozoen, Ringelwürmer, Protracheaten, Bärtierchen, Zungenwürmer von S. Jaeckel. 114 S., 36 Abb. 1955. (439)
IV, 1: Krebse von H. E. Gruner und K. Deckert. 114 S., 43 Abb. 1956. (443)
IV, 2: Spinnentiere (Trilobitomorphen, Fühlerlose) und Tausendfüßler von A. Kaestner. 96 S., 55 Abb. 1955. (1161)
IV, 3: Insekten von H. von Lengerken. 2., neubearb. Aufl. 140 S., 59 Abb. 1966. (594)
V: Weichtiere. Urmollusken, Schnecken, Muscheln und Kopffüßer von S. Jaeckel. 92 S., 34 Fig. 1954. (440)
VI: Stachelhäuter. Tentakulaten, Binnenatmer und Pfeilwürmer von S. Jaeckel. 100 S., 46 Abb. 1955. (441)

VII, 1: **Manteltiere, Schädellose, Rundmäuler** von H. Fechter. In Vorb. (448)
VII, 2: **Fische** von D. Lüdemann. 130 S., 65 Abb. 1955. (356)
VII, 3: **Lurche (Chordatiere)** von K. Herter. 143 S., 129 Abb. 1955. (847)
VII, 4: **Kriechtiere (Chordatiere)** von K. Herter. 200 S., 142 Abb. 1960. (447/447a)
VII, 5: **Vögel (Chordatiere)** von H.-A. Freye. 156 S., 69 Fig. 1960. (869)
VII, 6: **Säugetiere (Chordatiere) 1. Tl.** von Th. Haltenorth. 220 S., 88 Abb. 1969. (282/282a/282b)
VII, 6: **Säugetiere (Chordatiere) 2. Tl.** von Th. Haltenorth. In Vorb. (283/283a/283b)

Land- und Forstwirtschaft

Landwirtschaftliche Tierzucht. Die Züchtung und Haltung der landwirtschaftlichen Nutztiere von H. Vogel. 139 S., 11 Abb. 1952. (228)

Kulturtechnische Bodenverbesserungen von O. Fauser. 2 Bde. 5., verb. u. verm. Aufl.
I: Allgemeines, Entwässerung. 127 S., 49 Abb. 1959. (691)
II: Bewässerung, Ödlandkultur, Flurbereinigung. 159 S., 71 Abb. 1961. (692)

Agrikulturchemie von K. Scharrer. 2 Bde.
I: Pflanzenernährung. 143 S. 1953. (329)
II: Futtermittelkunde. 192 S. 1956. (330/330a)

Geologie, Mineralogie, Kristallographie

Geologie von F. Lotze. 4., verb. Aufl. 184 S., 80 Abb. 1968. (13/13a)

Mineral- und Erzlagerstättenkunde von H. Huttenlocher†. 2 Bde. 2., neubearb. Aufl. von P. Ramdohr.
I: 137 S., 40 Abb., 2 Tab. 1965. (1014/1014a)
II: 135 S., 41 Abb. 1965. (1015/1015a)

Allgemeine Mineralogie. 12., wesentl. erw. Aufl. der „Mineralogie" von R. Brauns†, neubearb. von K. F. Chudoba. 159 S., 144 Textfig., 1 Taf., 3 Tab. 1968. (29/29a)

Spezielle Mineralogie. 11., erw. Aufl. der „Mineralogie" von R. Brauns†, bearb. von K. F. Chudoba. 193 S., 127 Textfig., 6 Tab. 1964. (31/31a)

Petrographie (Gesteinskunde) von W. Bruhns†. Neubearb. von P. Ramdohr. 6., erw. Aufl. 141 S., 21 Fig. 1966. (173)

Geochemie von K. H. Wedepohl. 221 S., 26 Abb., 37 Tab. 1967. (1224/1224a/1224b)

Kristallchemie von J. Zemann. 144 S., 90 Abb. 1966. (1220/1220a)

Kristallographie von W. Bruhns†. 6. Aufl., neubearb. von P. Ramdohr. 115 S., 164 Abb. 1965. (210)

Einführung in die Kristalloptik von E. Buchwald. 5., verb. Aufl. 128 S., 117 Fig. 1963. (619/619a)

Lötrohrprobierkunde. Mineraldiagnose mit Lötrohr und Tüpfelreaktion von M. Henglein. 4., durchges. u. erw. Aufl. 108 S., 12 Fig. 1962. (483)

Technik

Graphische Darstellung in Wissenschaft und Technik von M. Pirani. 3., erw. Aufl. bearb. von J. Fischer unt. Benutzg. der von I. Runge bes. 2. Aufl. 216 S., 104 Abb. 1957. (728/728a)

Technische Tabellen und Formeln von W. Müller. 5., verb. u. erw. Aufl. von E. Schulze. 165 S., 114 Abb., 99 Taf. 1962. (579)

Einführung in die Arbeitswissenschaft von H. H. Hilf. 164 S., 57 Abb. 1964. (1212/1212a)

Grundlagen der Straßenverkehrstechnik. Theorie der Leistungsfähigkeit von E. Engel. 101 S., 55 Abb. 1962. (1198)

Elektrotechnik

Grundlagen der allgemeinen Elektrotechnik von O. Mohr. 3. Aufl. 260 S., 136 Bild., 14 Taf. 1965. (196/196a)

Die Gleichstrommaschine von K. Humburg. 2 Bde. 3. Aufl.
I: Etwa 102 S., 59 Abb. In Vorb. (257)
II: Etwa 101 S., 38 Abb. In Vorb. (881)

Die Synchronmaschine von W. Putz. 92 S., 64 Bild. 1962. (1146)

Induktionsmaschinen von F. Unger. 3. Aufl. In Vorb. (1140)

Die komplexe Berechnung von Wechselstromschaltungen von H. H. Meinke. 3., neubearb. Aufl. 185 S., 126 Abb. 1965. (1156/1156a)

Theoretische Grundlagen zur Berechnung der Schaltgeräte von F. Kesselring. 4., vollst. überarb. u. erw. Aufl. 231 S., 145 Abb., 14 Taf. 1960. (711/711a/711b)

Einführung in die Technik selbsttätiger Regelungen von W. zur Megede. 3., überarb. u. erw. Aufl. 263 S., 111 Abb. 1968. (714/714a/714b)

Elektromotorische Antriebe von W. Meyer. 225 S., 113 Abb. 1967. (827/827a/827b)

Überspannungen und Überspannungsschutz von G. Frühauf. Durchges. Neudr. 122 S., 98 Abb. 1950. (1132)

Elektrische Höchstspannungs-Schaltanlagen. Für Freiluft und Innenanordnung von G. Meiners u. K.-H. Wiesenewsky. 138 S., 58 Abb. 1964. (796/796a)

Transformatoren von W. Schäfer. 5., überarb. u. erg. Aufl. 130 S., 73 Abb. 1967. (952/952a)

Maschinenbau

Thermische Verfahrenstechnik von H. Bock. 3 Bde.
I: Eigenschaften und Verhalten der realen Stoffe. 184 S., 28 Abb. 1963. (1209/1209a)
II: Funktion und Berechnung der elementaren Geräte. 195 S., 54 Abb. 1964. (1210/1210a)
III: Fließbilder, ihre Funktion und ihr Zusammenbau aus Geräten. 224 S., 67 Abb. 1965. (1211/1211a)

Technische Thermodynamik von U. Grigull. 171 S., 74 Abb. 1966. (1084/1084a)

Metallkunde von H. Borchers. 3 Bde.
I: Aufbau der Metalle und Legierungen. 7. Aufl. 120 S., 90 Abb., 2 Tab. 1968. (432)
II: Eigenschaften, Grundzüge der Form- und Zustandsgebung. 6., neu bearb. Aufl. Etwa 240 S., 107 Abb., 10 Tab. 1969. Im Druck. (433/433a)
III: Die metallkundlichen Untersuchungsmethoden von E. Hanke. In Vorb. (434)

Die Werkstoffe des Maschinenbaues von A. Thum† und C. M. v. Meysenbug. 2 Bde.
I: Einführung in die Werkstoffprüfung. 3. Aufl. In Vorb. (476)
II: Die Konstruktionswerkstoffe. 132 S., 40 Abb. 1959. (936)

Dynamik von W. Müller. 2 Bde. 2., verb. Aufl.
I: Dynamik des Einzelkörpers. 128 S., 48 Fig. 1952. (902)
II: Systeme von starren Körpern. 102 S., 41 Fig. 1952. (903)

Technische Schwingungslehre von L. Zipperer. 2 Bde. 2., neubearb. Aufl.
I: Allgemeine Schwingungsgleichungen, einfache Schwinger. 120 S., 101 Abb. 1953. (953)
II: Torsionsschwingungen in Maschinenanlagen. 102 S., 59 Abb. 1955. (961/961a)

Werkzeugmaschinen für Metallbearbeitung von K. P. Matthes. 2 Bde.
I: 10? S., 27 Abb., 11 Zahlentaf., 1 Tafelanh. 1954. (561)
II: Fertigungstechnische Grundlagen der neuzeitlichen Metallbearbeitung. 101 S., 30 Abb., 5 Taf. 1955. (562)

Das Maschinenzeichnen mit Einführung in das Konstruieren von W. Tochtermann. 2 Bde. 4. Aufl.
I: Das Maschinenzeichnen. 156 S., 75 Taf. 1950. (589)
II: Ausgeführte Konstruktionsbeispiele. 130 S., 58 Taf. 1950. (590)

Die Maschinenelemente von E. A. vom Ende†. 4., überarb. Aufl. 184 S., 179 Fig., 11 Taf. 1963. (3/3a)

Die Maschinen der Eisenhüttenwerke von L. Engel. 156 S., 95 Abb. 1957. (583/583a)

Walzwerke von H. Sedlaczek†. 3., neubearb. Aufl. In Vorb. (580/580a)

Getriebelehre von P. Grodzinski†. 2 Bde. 3., neubearb. Aufl. von G. Lechner.
I: Geometrische Grundlagen. 164 S., 131 Fig. 1960. (1061)
II: Angewandte Getriebelehre. Etwa 220 S. 175 Bild. u. 4 Tab. 1969. (1062/1062a)

Kinematik von H. R. Müller. 171 S., 75 Fig. 1963. (584/584a)

Gießereitechnik von H. Jungbluth. 2 Bde.
I: Eisengießerei. 2. Aufl. In Vorb. (1159)

Die Dampfkessel einschließlich Feuerungen und Hilfseinrichtungen. Physikalische und chemische Grundlagen, Berechnung und Konstruktion, Vorschriften und Beispiele von W. Marcard. 3., neubearb. Aufl. von G. Beyer. 3 Bde.
I: Physikalische und chemische Grundlagen, Wärmelehre, Wärmeübertragung, Verbrennung. 133 S., 35 Bild., 26 Tab. 1964. (9/9a)
II: Berechnung und Konstruktion. Dampfkessel, Hilfseinrichtungen. Feuerungen, Berechnung. 108 S., 45 Bild. 1966. (521/521a)
III: Vorschriften und Beispiele Rechtliche Grundlagen, wärme- und festigkeitstechnische Berechnung, Ausrüstung. 116 S., 13 Bild., Tab., Übersichten. 1969. (1230/1230a)

Die Dampfturbinen. Ihre Wirkungsweise, Berechnung und Konstruktion von C. Zietemann. 3 Bde. 4. Aufl.
I: Theorie der Dampfturbinen. 139 S., 48 Abb. In Vorb. (274)
II: Die Berechnung der Dampfturbinen und die Konstruktion der Einzelteile. 132 S. 111 Abb. In Vorb. (715)
III: Die Regelung der Dampfturbinen, die Bauarten, Turbinen für Sonderzwecke, Kondensationsanlagen 126 S., 90 Abb. In Vorb. (716)

Verbrennungsmotoren (Kolbenmotoren) von W. Endres. 3 Bde.
I: Überblick. Motor-Brennstoffe, Verbrennung im Motor allgemein, im Otto- und Diesel-Motor. 4. Aufl 192 S., 57 Abb. 1968. (1076/1076a)
II: Gaswechselvorgang. Aufladen, Leistung, mittl. Druck. Reibung. Wirkungsgrade und Kraftstoffverbrauch. 152 S.. 62 Abb. 1966 (1184/1184a)
III: Die Einzelteile des Verbrennungsmotors. In Vorb (1185/1185a)

Autogenes Schweißen und Schneiden von H. Niese. 5. Aufl., neubearb. von A. Küchler. 136 S.. 71 Fig. 1953. (499)

Die elektrischen Schweißverfahren von H. Niese. 2. Aufl., neubearb. von H. Dienst. 136 S., 58 Abb. 1955. (1020)

Die Hebezeuge. Entwurf von Winden und Kranen von G. Tafel. 2., verb. Aufl. 176 S., 230 Fig. 1954. (414/414a)

Vermessungswesen

Vermessungskunde von W. Großmann. 3 Bde.
I: Stückvermessung und Nivellieren. 13., verb. Aufl. 162 S., 132 Fig. 1969. (468)
II: Horizontalaufnahmen und ebene Rechnungen. 10., verb. Aufl. 149 S., 101 Fig. 1967. (469/469a)
III: Trigonometrische und barometrische Höhenmessung. Tachymetrie und Absteckungen. 9., verb. Aufl. 145 S., 101 Fig. 1969. (862)

Kartographie von V. Heissler. 3. Aufl. 213 S., 125 Abb., 8 Anl. 1968. (30/30a)

Photogrammetrie von G. Lehmann. 2., neubearb. Aufl. 205 S., 136 Abb. 1966. (1188/1188a)

Wasserbau

Wasserkraftanlagen von A. Ludin unt. Mitarb. von W. Borkenstein. 2 Bde.
- I: Planung, Grundlagen und Grundzüge. 124 S., 60 Abb. 1955. (665)
- II: Anordnung und Ausbildung der Hauptbauwerke. 184 S., 91 Abb. 1958. (666/666a)

Verkehrswasserbau von H. Dehnert. 3 Bde.
- I: Entwurfsgrundlagen, Flußregelungen. 103 S., 53 Abb. 1950. (585)
- II: Flußkanalisierung und Schiffahrtskanäle. 94 S., 60 Abb. 1950. (597)
- III: Schleusen und Hebewerke. 98 S., 70 Abb. 1950. (1152)

Wehr- und Stauanlagen von H. Dehnert. 134 S., 90 Abb. 1952. (965)

Talsperren von F. Tölke. 122 S., 70 Abb. 1953. (1044)

Hoch- und Tiefbau

Die wichtigsten Baustoffe des Hoch- und Tiefbaus von O. Graf†. 4., verb. Aufl. 131 S., 63 Abb. 1953. (984)

Baustoffverarbeitung und Baustellenprüfung des Betons von A. Kleinlogel. 2., neubearb. u. erw. Aufl. 126 S., 35 Abb. 1951. (978)

Festigkeitslehre. 2 Bde.
- I: Elastizität, Plastizität und Festigkeit der Baustoffe und Bauteile von W. Gehler† u. W. Herberg. Durchges. u. erw. Neudr. 159 S., 118 Abb. 1952. (1144)
- II: Formänderung, Platten, Stabilität und Bruchhypothesen von W. Herberg und N. Dimitrov. 187 S., 94 Abb. 1955. (1145/1145a)

Grundlagen des Stahlbetonbaues von A. Troche. 2., neubearb. u. erw. Aufl. 208 S., 75 Abb., 17 Bemessungstaf., 20 Rechenbeisp. 1953. (1078)

Statik der Baukonstruktionen von A. Teichmann. 3 Bde.
- I: Grundlagen. 101 S., 51 Abb., 8 Formeltaf. 1956. (119)
- II: Statisch bestimmte Stabwerke. 107 S., 52 Abb., 7 Taf. 1957. (120)
- III: Statisch unbestimmte Systeme. 112 S., 34 Abb., 7 Formeltaf. 1958. (122)

Fenster, Türen, Tore aus Holz und Metall. Eine Anleitung zu ihrer guten Gestaltung, wirtschaftlichen Bemessung und handwerksgerechten Konstruktion von W. Wickop†. 5. Aufl. In Vorb. (1092)

Heizung und Lüftung von W. Körting. 2 Bde. 10., neubearb. Aufl.
- I: Das Wesen und die Berechnung der Heizungs- und Lüftungsanlagen. 171 S., 29 Abb., 36 Zahlentaf. 1962. (342/342a)
- II: Die Ausführung der Heizungs- und Lüftungsanlagen. In Vorb. (343)

Industrielle Kraft- und Wärmewirtschaft von F. A. F. Schmidt u. A. Beckers. 167 S., 73 Abb. 1957. (318/318a)

Sammlung Göschen / Bandnummernfolge

1 Langosch, Der Nibelunge Nôt
3/3a v. Ende, Maschinenelemente
9/9a Marcard-Beyer, Dampfkessel I
10 Jiriczek-Wisniewski, Kudrun und Dietrich-Epen
13/13a Lotze, Geologie
18 Maurer, Hartmann von Aue, Der arme Heinrich
19 Altheim, Römische Geschichte I
20 Hofstaetter, Dt. Sprachlehre
22 Maurer, Gottfried von Strassburg
29/29a Brauns-Chudoba, Allgemeine Mineralogie
30/30a Heissler, Kartographie
31/31a Brauns-Chudoba, Spezielle Mineralogie
32 Schneider-Wisniewski, Deutsche Heldensage
35 Treue, Dt. Geschichte von 1648 bis 1740
37/37a Klemm, Anorgan. Chemie
38/38a Schlenk, Organische Chemie
39 Treue, Dt. Geschichte von 1713 bis 1806
42 Behn-Hoernes, Vorgeschichte Europas
44 Kresze, Physikal. Meth. in der Organ. Chemie I
45/45a Kresze, Physikal. Meth. in der Organ. Chemie II
47 Fischer-Rohrbach, Arithmetik
51/51a Ringleb, Mathem. Formelsammlung
52 Bieler, Röm. Literaturgesch. I
59 Krahe, Indogerm. Sprachwiss. I
60 Biehle, Stimmkunde
61/61a Biehle, Redetechnik
64 Krahe, Indogerm. Sprachwiss. II
65/65a Grotemeyer, Analyt. Geometrie
66 Berneker-Vasmer, Russische Grammatik
70 Nestle-Liebich, Gesch. d. griechischen Literatur I
71 Schulze, Allgemeine und physikalische Chemie I
76 Döring, Einf. i. d. th. Physik I
77/77a Döring, Einf. i. d. th. Physik II
78 Döring, Einf. i. d. th. Physik III
79/79a Hempel, Got. Elementarbuch
80 Weigert, Stilkunde I
81 Schubert-Haussner-Erlebach, Vierstell. Logarithmentafeln
86 Barner, Differential- u. Integralrechnung I
96 Hartmann, Einf. in die allgem. Biologie
99 Hessenberg-Kneser, Ebene und sphär. Trigonometrie
101/101a Wiese, Soziologie
103/103a Burisch-Dahrendorf, Industrie und Betriebssoziologie
104/104a Hofstätter, Sozialpsychologie
111/111a Hoffmann-Debrunner-Scherer, Gesch. d. griechischen Sprache I
114/114a Debrunner-Scherer, Gesch. der griechischen Sprache II
117 Brandenstein, Griechische Sprachwissenschaft I
118/118a Brandenstein, Griechische Sprachwissenschaft II
119 Teichmann, Statik der Baukonstruktionen I
120 Teichmann, Statik der Baukonstruktionen II
122 Teichmann, Statik der Baukonstruktionen III
128/128a Lausberg, Romanische Sprachwissenschaft I
136 Mahler-Sohr, Physikal. Grundbegriffe und Formeln
141 Geitler, Morphologie der Pflanzen
142 Haack, Darst. Geometrie I
143 Haack, Darst. Geometrie II
144 Haack, Darst. Geometrie III
145/145a Weimer, Gesch. der Pädagogik

148 Kolms, Finanzwissenschaft I
156/156a Landmann, Philosophische Anthropologie
170 Oehlmann, Musik des 19. Jhs.
171/171a Oehlmann, Musik des 20. Jhs.
173 Bruhns-Ramdohr, Petrographie
174 Schlingloff, Religion des Buddhismus I
180 Böhm, Versicherungsmathem. I
184 Blümcke, Textilindustrie I
196/196a Mohr, Grundlagen der allgem. Elektrotechnik
200/200a Gottschald, Dt. Rechtschreibungswörterbuch
210 Bruhns-Ramdohr, Kristallographie
220/220a Moser, Allg. Musiklehre
221/221a Jander-Jahr-Knoll, Maßanalyse
222 Hassak-Beutel-Kutzelnigg, Warenkunde I
223 Hassak-Beutel-Kutzelnigg, Warenkunde II
226/226a Hofmann, Gesch. der Mathematik I
228 Vogel, Landw. Tierzucht
231/231a Ehrlich, Geschichte Israels
238 Krahe, German. Sprachwiss. I
243 Mahler-Sohr, Physikal. Aufgabensammlung
247/247a Hofmann-Jander, Qualitative Analyse
250 Lausberg, Romanische Sprachwissenschaft II
252 Vetter, Elektrochemie I
253 Vetter, Elektrochemie II
257 Humburg, Gleichstrommaschine I
264 Lockemann, Gesch. der Chemie I
265/265a Lockemann, Geschichte der Chemie II
270 Kirn-Leuschner, Einführung in die Geschichtswissenschaft
274 Zietemann, Dampfturbinen I
279 Jacob-Hohenleutner, Quellenkunde der deutschen Geschichte I
280 Jacob-Hohenleutner, Quellenkunde der deutschen Geschichte II
281 Leisegang, Einführung in die Philosophie
282/282a/282b Haltenorth, Säugetiere I
283/283a/283b Haltenorth, Säugetiere II
284 Jacob-Weden, Quellenkunde der deutschen Geschichte III
318/318a Schmidt-Beckers, Industrielle Kraft- u. Wärmewirtschaft
319 Krug, Australien und Ozeanien
329 Scharrer, Agrikulturchemie I
330/330a Scharrer, Agrikulturchemie II
335 Klug, Fette und Öle
336 Braun-Klug, Seifenfabrikation
342/342a Körting, Heizung und Lüftung I
343 Körting, Heizung und Lüftung II
344 Moser, Musikästhetik
354/354a Valentiner-König, Vektoren und Matrizen
355 Neger-Münch-Huber, Nadelhölzer
356 Lüdemann, Fische
374 Döring, Einf. i. d. th. Physik IV
375 Preller, Geschichte Englands I
389/389a Diels-Mattick, Pflanzengeographie
391 Kolms, Finanzwissenschaft II
394/394a Schilling, Von der Renaissance bis Kant
414/414a Tafel, Hebezeuge
422 Gottschald, Dt. Personennamen
423 Adler-Erlebach, Fünfstellige Logarithmen
432 Borchers, Metallkunde I
433/433a Borchers, Metallkunde II
434 Borchers-Hanke, Metallkunde III
435 Burau, Algebr. Kurven und Flächen I
436/436a Burau, Algebr. Kurven und Flächen II
439 Jaeckel, Würmer
440 Jaeckel, Weichtiere
441 Jaeckel, Stachelhäuter
442 Hannemann, Schwämme und Hohltiere
443 Gruner-Deckert, Krebse
444 Reichenow, Einzeller
445 Asmus, Physikal.-chem. Rechenaufgaben
447/447a Herter, Kriechtiere
448 Fechter, Manteltiere
452/452a Bahrdt-Scheer, Stöchiometr. Aufgabenslg.
468 Großmann, Vermessungskunde I
469/469a Großmann, Vermessungskunde II
476 Thum-Meysenbug, Werkstoffe des Maschinenbaues I
483 Henglein, Lötrohrprobierkunde

492/492a Stolz-Debrunner-Schmid, Geschichte der lateinischen Sprache
499 Niese-Küchler, Autogenes Schweißen
500 Simmel, Hauptprobleme der Philosophie
521/521a Marcard-Beyer, Dampfkessel II
536 Kaulbach, Kant
538 Rumpf, Archäologie I
539 Rumpf, Archäologie II
540 Rumpf, Archäologie III
557 Nestle-Liebich, Gesch. der griech. Literatur II
561 Matthes, Werkzeugmaschinen I
562 Matthes, Werkzeugmaschinen II
564 Behn-Hoernes, Kultur der Urzeit I
565 Behn-Hoernes, Kultur d. Urzeit II
566 Behn-Hoernes, Kultur d. Urzeit III
571 Lehmann, Philosophie des 19. Jahrhunderts I
576/576a Moser, Gesangskunst
579 Müller-Schulze, Techn. Tabellen
580/580a Sedlaczek, Walzwerke
583/583a Engel, Maschinen der Eisenhüttenwerke
584/584a Müller, Kinematik
585 Dehnert, Verkehrswasserbau I
587 Kalitsunakis-Steinmetz, Neugriech.-dt. Gesprächsbuch
589 Tochtermann, Maschinenzeichnen I
590 Tochtermann, Maschinenzeichnen II
594 Lengerken, Insekten
597 Dehnert, Verkehrswasserbau II
601 Mutschmann-Scherer, Engl. Phonetik
608/608a/608b Erman-Krückmann, Hieroglyphen
619/619a Buchwald, Kristalloptik
665 Ludin-Borkenstein, Wasserkraftanlagen I
666/666a Ludin-Borkenstein, Wasserkraftanlagen II
668 Knopp, Funktionentheorie I
677 Altheim, Röm. Geschichte II
679 Altheim, Röm. Geschichte III
684 Altheim, Röm. Geschichte IV
691 Fauser, Kulturtechn. Bodenverbesserungen I
692 Fauser, Kulturtechn. Bodenverbesserungen II
698/698a Schulze, Allgemeine u. physikalische Chemie II
703 Knopp, Funktionentheorie II
708/708a/708b Meissner-Oberhuber, Keilschrift
709 Lehmann, Philosophie des 19. Jahrhunderts II
711/711a/711b Kesselring, Berechnung der Schaltgeräte
714/714a/714b zur Megede, Technik selbsttätiger Regelungen
715 Zietemann, Dampfturbinen II
716 Zietemann, Dampfturbinen III
718 Neger-Münch-Huber, Laubhölzer
728/728a Pirani-Fischer-Runge, Graph. Darstellung in Wissenschaft u. Technik
735 Ekwall, Historische neuengl. Laut- und Formenlehre
746/746a Pfanzagl, Allg. Methodenlehre der Statistik I
747/747a Pfanzagl, Allg. Methodenlehre der Statistik II
756/756a Kalitsunakis, Gramm. d. Neugriech. Volksspr.
763/763a/763b Meyer, Hebräische Grammatik I
764/764a/764b Meyer, Hebräische Grammatik II
765/765a/765b Meyer, Hebräische Grammatik III
768/768a Bieberbach, Einführung in die konforme Abbildung
769/769a Beer-Meyer, Hebräisches Textbuch
770 Schlingloff, Religion des Buddhismus II
776/776a Kolms, Finanzwissenschaft III
780 Krahe, German. Sprachwiss. II
781 Weigert, Stilkunde II
782/782a Kolms, Finanzwissenschaft IV
786 Schulze, Molekülbau
796/796a Meiners-Wiesenewsky, Elektr. Höchstspannungs-Schaltanlagen
809 Moser, Harmonielehre
826 Koch, Philosophie d. Mittelalters
827/827a/827b Meyer, Elektromotorische Antriebe
831 Erismann, Allg. Psychologie I
832/832a Erismann, Allg. Psychologie II
833 Erismann, Allg. Psychologie III
834/834a Erismann, Allg. Psychologie IV

837/837a Baumgartner, Gruppentheorie
845 Lehmann, Philosophie im ersten Drittel des 20. Jhs. I
847 Herter, Lurche
850 Lehmann, Philosophie im ersten Drittel des 20. Jhs. II
851/851a Moede, Psychologie des Berufs- und Wirtschaftslebens
857 Capelle, Griech. Philosophie I
858 Capelle, Griech. Philos. II
859 Capelle, Griech. Philos. III
862 Großmann, Vermessungskunde III
863 Capelle, Griech. Philos IV
866 Bieler, Röm. Literaturgeschichte II
869 Freye, Vögel
875 Hofmann, Geschichte der Mathematik II
877 Knopp, Aufgabensammlung zur Funktionentheorie I
878 Knopp, Aufgabensammlung zur Funktionentheorie II
881 Humburg, Gleichstrommaschine II
882 Hofmann, Geschichte der Mathematik III
883 Stuloff, Mathematik der neuesten Zeit
893 Treue, Dt. Geschichte von 1806 bis 1890
894 Treue, Dt. Geschichte von 1890 bis zur Gegenwart
896/896a Pokorny, Altirische Gramm.
902 Müller, Dynamik I
903 Müller, Dynamik II
910 Jaeger, Afrika I
911 Jaeger, Afrika II
915 Sperber-Polenz, Gesch. der Deutschen Sprache
917/917a Böhm, Versicherungsmathematik II
920/920a Hoheisel, Gewöhnliche Differentialgleichungen
921 Jantzen-Kolb, W. v. Eschenbach, Parzival
924/924a Brandenstein, Griechische Sprachwissenschaft III
929 Schirmer-Mitzka, Dt. Wortkunde
930 Krull, Elementare und klassische Algebra I
931 Hasse, Höhere Algebra I
932 Hasse, Höhere Algebra II
933 Krull, Elementare und klassische Algebra II
936 Thum-Mayrenbug, Werkstoffe d. Maschinenbaues II
942/942a Damerau, Polnische Grammatik
952/952a Schäfer, Transformatoren
953 Zipperer, Techn. Schwingungslehre I
961/961a Zipperer, Techn. Schwingungslehre II
965 Dehnert, Wehr- und Stauanlagen
970/970a Baldus-Löbell, Nichteuklidische Geometrie
972/972a Herter-Urich, Vergleichende Physiologie der Tiere I
973/973a Herter-Birukow, Vergleichende Physiologie der Tiere II
978 Kleinlogel, Baustoffverarbeitung und Baustellenprüfung d. Betons
984 Graf, Baustoffe des Hoch- und Tiefbaus
999/999a Kamke, Mengenlehre
1000 Jaspers, Geist'ge Situat. der Zeit
1003 Hoheisel, Partielle Differentialgleichungen
1008/1008a Mellerowicz, Allgem. Betriebswirtschaftslehre I
1009 Bechert-Gerthsen-Flammersfeld, Atomphysik I
1014/1014a Huttenlocher-Ramdohr, Mineral- und Erzlagerstättenkunde I
1015/1015a Huttenlocher-Ramdohr, Mineral- und Erzlagerstättenkunde II
1017 Döring, Einf. i. d. th. Physik V
1020 Niese-Dienst, Elektrische Schweißverfahren
1031/1031a Apel-Ludz, Philosophisches Wörterbuch
1033 Bechert-Gerthsen-Flammersfeld, Atomphysik II
1034 Kranefeldt-Jung, Therapeutische Psychologie
1035 Altheim, Röm. Religionsgeschichte I
1039/1039a Dovifat, Zeitungslehre I
1040/1040a Dovifat, Zeitungslehre II
1044 Tölke, Talsperren
1045 Schubert, Technik des Klavierspiels
1051/1051a Stolberg-Wernigerode, Gesch. d. Vereinigten Staaten
1052 Altheim, Röm. Religionsgeschichte II

1172 Paulsen, Allgemeine Volkswirtschaftslehre IV
1173/1173a Hamann-Funke-Nollen, Chemie der Kunststoffe
1176/1176a Lorenzen, Form. Logik
1177/1177a Redeker, Schleiermacher
1178/1178a Kuckuck, Pflanzenzüchtung II
1179/1179a Strubecker, Differentialgeometrie II
1180/1180a Strubecker, Differentialgeometrie III
1181 Franz, Topologie I
1182/1182a Franz, Topologie II
1183/1183a Nicolas, Finanzmathematik
1184/1184a Endres, Verbrennungsmotoren II
1185/1185a Endres, Verbrennungsmotoren III
1186/1186a Mellerowicz, Allgemeine Betriebswirtschaftslehre IV
1187 Lau, Luther
1188/1188a Lehmann, Photogrammetrie
1189/1189a Päsler, Mechanik
1190 Stupperich, Melanchthon
1191/1191a Bräuer, Slav. Sprachwissenschaft I
1192/1192a/1192b Bräuer, Slav. Sprachwissenschaft II
1193 Fürstenberg, Wirtschaftssoziologie
1194/1194a Wendt, Gesch. d. Volkswirtschaftslehre
1195 Ohm, Allgem. Volkswirtschaftspolitik I
1196/1196a Ohm, Allgem. Volkswirtschaftspolitik II
1197/1197a Onasch, Konfessionskunde der orthod. Kirchen
1198 Engel, Straßenverkehrstechnik
1199 Lausberg, Romanische Sprachwissenschaft III, 1. Teil
1200/1200a Lausberg, Romanische Sprachwissenschaft III, 2. Teil
1201/1201a Dehn, Versuche zur allgem. u. phys. Chemie
1202/1202a Nagel, Gesch. des christl. Gottesdienstes
1203 Wendland, Sozialethik
1204 Scheurig, Zeitgeschichte
1205/1205a Hofmann, Ideengeschichte d. soz. Bewegung
1206/1206a Langen, Lineare Programmierung
1208 Lausberg, Romanische Sprachwissenschaft IV
1209/1209a Bock, Therm. Verfahrenstechnik I
1210/1210a Bock, Therm. Verfahrenstechnik II
1211/1211a Bock, Therm. Verfahrenstechnik III
1212/1212a Hilf, Arbeitswissenschaft
1213/1213a Kosiol, Buchhaltung und Bilanz
1214/1214a Kosiol, Kostenrechnung und Betriebsbuchhaltung
1216/1216a Bauer, Wahrscheinlichkeitstheorie
1217/1217a Schubiger, Einf. in die Phonetik
1218/1218a/1218b Meid, German. Sprachwiss. III
1219 Schmidt-Clausing, Zwingli
1220/1220a Zemann, Kristallchemie
1221 Gerdes, Kierkegaard
1222/1222a Tschižewskij, Slav. Literaturen I
1223 Tschižewskij, Slav. Literaturen II
1224/1224a/1224b Wedepohl, Geochemie
1225/1225a Schneider-Jurksch, Datenverarbeitungsanlagen
1226/1226a/1226b Weinstock, Mittelengl. Elementarbuch
1227/1227a Wedig, Übungsaufgaben zu A. Paulsen, Allgem. Volkswirtschaftslehre I/II
1228 Kehrer, Religionssoziologie
1229/1229a Atteslander, Methoden der empirischen Sozialforschung
1230/1230a Marcard-Beyer, Dampfkessel III
1231 Hundhausen, Werbung
1232 Hundhausen, Wirtschaftswerbung
1233 Hundhausen, Public Relations
1234 Hundhausen, Propaganda
1235/1235a Grochla, Betriebsverbindungen
1236/1236a Bräuer, Slav. Sprachwissenschaft III

Autorenregister

FSC
www.fsc.org
MIX
Papier | Fördert
gute Waldnutzung
FSC® C083411

Zeitfracht Medien GmbH
Ferdinand-Jühlke-Straße 7
99095 Erfurt, Deutschland
produktsicherheit@kolibri360.de